Bevorzugt werden
FISCHER
Kugellager
Tonnenlager D.R.P.
Rollenlager
Kegelrollenlager
Stahlrollen
Stahlkugeln
KUGELFABRIK FISCHER, SCHWEINFURT
ÄLTESTES KUGEL- UND KUGELLAGERWERK
GEGR. 1883

Reifenfresser oder Reifenschoner?

Die führende amerikanische Zeitschrift „Bus Transportation" antwortet auf diese Frage: Das als volle Scheibe ausgebildete Radakkumuliere die Bremswärme und beeinflusse damit die Lebensdauer der Bereifung nachteilig. „Bus Transportation" befürwortet deshalb das Speichenrad. Unser +GF+ Simplexrad ist ein Speichenrad, das als Ventilator wirkt und die Bremswärme abführt.

Es ist ein Reifenschoner!

Unsere Drucksachen interessieren Sie

A.-G. der Eisen- und Stahlwerke vorm. Georg Fischer

Singen a. H. (Baden). Schaffhausen (Schweiz)

Reichsdeutsche Belegschaft: 2900. P. 65664

KRONPRINZ
RÄDER
FÜR · PERSONEN- · UND
LASTWAGEN
„KRONPRINZ“ · A · G
FÜR · METALLINDUSTRIE · OHLIGS

e

Reifen, Felgen und Räder

VON

M. BUCH und R. SCHMIDT

f

g

NEUE AUTOTECHNISCHE BIBLIOTHEK / BAND 01

Reifen, Felgen und Räder

VON

M. BUCH und R. SCHMIDT

Reprint der 3. völlig neubearbeiteten

Auflage von 1929

Mit 88 Textabbildungen

und 18 Tafeln

Oldtimertools-Verlag Diekholzen

h

ISBN 978-3-98979-000-1

Impressum

Reifen, Felgen und Räder
2024er Reprint der völlig neubearbeiteten 3. Auflage von 1929

Verfasser: Max Buch und Richard Schmidt

Verlag: Oldtimertools-Verlag, Im Winkel 24, 31199 Diekholzen

www.oldtimertools-verlag.de

Kontakt: vertrieb@oldtimertools-verlag.de

Druck: *CPI Druckdienstleistungen GmbH, Ferdinand-Jühlke-Straße 7, 99095 Erfurt*

Vorwort zum Reprint.

Liebe Auto und Oldtimer Freunde, wir haben es uns zur Aufgabe gemacht, bibliophile Schätze aus der Vergangenheit für Sie wieder zugänglich zu machen.

Insoweit es uns möglich ist, versuche ich dabei auch die Schrift von Fraktur in die heute gebräuchliche Form zu bringen. Dies ist uns aber nicht überall möglich.

Der Oldtimertools-Verlag wird für Sie, liebe Leser versuchen jährlich 2-3 Titel der früheren „AUTOTECHNISCHE BIBLIOTHEK“ aus den Carl Schmidt Verlag Berlin wieder zugänglich zu machen. Damit diese Werke für unsere Leserschaft erschwinglich sind, wird in diesen Büchlein, genau wie in der damaligen dritten Auflage Werbung enthalten sein. Wir bedanken uns, für die Werbung und würden uns freuen, wenn Sie der enthaltenen Werbung Beachtung schenken würden.

Zusätzlich stellen wir Ihnen ab sofort auch Reprints aus der Reihe: Handbücher aus den Motoren und Fahrzeugbau“ als Reprints des Carl Schmidt Verlages, sowie aus der „Automobiltechnische Bibliothek“ aus den früheren Krayn Verlag zur Verfügung. Bitte beachten Sie unser Verlagsprogramm auf den letzten Seiten.

Aus wissenschaftlicher und dokumentarischer Verpflichtung heraus, werden die Autoren von uns nicht korrigiert oder umgeschrieben oder gar zensiert, auch wenn einige Textpassagen aus heutiger Sicht anstößig sein sollten, oder es technische neue Erkenntnisse geben sollte.

Auch einen Warnhinweis werden Sie vergeblich suchen, solcherlei Unfug überlassen wir gerne den öffentlichrechtlichen. Denn es handelt sich dabei um Äußerungen und Meinungen der Verfasser (die man auch im Kontext ihrer Zeit sehen muss), wir als Verlag und Herausgeber schließen uns durch Reprint diesen Ansichten nicht an.

Insoweit distanzieren wir uns von allen Äußerungen, welche die Menschenwürde anderer angreifen könnte, oder einzelnen Völkern, Gruppen oder Minderheiten bestimmte Verhaltensweisen pauschal zuordnen, vor allem, wenn dies geeignet ist, zu diffamieren, den Frieden zu stören oder die freiheitlich-demokratische Ordnung zu verletzen.

Wir wünschen Ihnen viel Spaß mit unserem neuen Reprint.

Oldtimertools-Verlag

Michael Kirchgässler

k

Vorwort zur 3. Auflage.

Durch vorliegenden Band wird die zweite umgearbeitete Auflage des Bandes 41 „Räder, Felgen und Bereifung" vom Jahre 1920 ersetzt. Der fortschreitenden Entwicklung in den Nachkriegsjahren, insbesondere in den Jahren 1923—1928" entsprechend, konnte so gut wie gar nichts aus dem alten Band übernommen werden. Die vorliegende Bearbeitung stellt sich also als ein vollständig neues Werkchen dar. Infolge vieler neuer Konstruktionen konnten Gebiete wie Radlagerung, Reifenpumpen, Wagenheber, Reparaturen an Reifen, nur ganz kurz behandelt werden.

Der Bearbeiter legte Wert darauf, eine möglichst knappe Darstellung zu geben. Umfangreiche theoretische Erörterungen sind fortgelassen. Veraltete Konstruktionen, auch wenn sie sich durch interessante Form auszeichneten, wurden ebenso wie neue Anregungen, deren Brauchbarkeit noch nicht voll erwiesen ist, nicht erwähnt. Besonders wird auf die verschiedenen heute angewandten Normen hingewiesen, da sich der Konstrukteur zur wirtschaftlichen Arbeit stets dieser Bindung bewußt werden soll.

Der Verfasser hofft mit diesem Werkchen einem besonderen Bedürfnis entsprochen zu haben.

Berlin, August 1928.

Der Bearbeiter.

Inhaltsverzeichnis

Einleitung.

Alle Teile und Gruppen des Kraftwagens werden heute so durchgearbeitet, wie es zur Schaffung eines Gebrauchswagens notwendig ist. Besonders auf den Gebieten ist die Entwicklung rege, wo Zubehör-Industrieen sich der Teile angenommen haben und sich bemühen, immer hochwertigere, konstruktiv bessere Teile der Autoindustrie zu empfehlen, wie dies z. B. auf dem vorliegenden Gebiet durch rastlose Tätigkeit der Reifen-, Felgen- und Räderindustrie der Fall ist.

Zugleich muß man aber die Feststellung machen, daß mit der raschen Entwicklung die allgemeinen Kenntnisse und der Gesamtüberblick nicht Schritt halten, da alte Erfahrungen den neuen diametral gegenüberstehen. Hier auszugleichen und auf die neueren und neuesten Arbeiten und Konstruktionen aufmerksam zu machen, ist die Aufgabe dieses Bandes.

I. Die Radausrüstung des Gebrauchswagens.

Die Entwicklung der Räder am Kraftwagen spiegelt sehr deutlich die Abstammung des Kraftwagens vom Pferdefuhrwerk wieder. Ursprünglich verwendete man vorn am Wagen kleine Räder und hinten sehr große (bis 1,2 m). Dies geschah, um die Anbringung der Drehschemellenkung zu ermöglichen. Als man zur heute noch üblichen Lenkschenkellenkung, überging, entfiel dieser Grund, und man machte Vorder- und Hinterräder gleich groß, und zwar wählte man sie möglichst klein mit einem Durchmesser von 0,6 bis 0,65 m. Dadurch wurden die Anschaffungskosten verringert. Es stellte sich jedoch ein sehr rascher Verschleiß infolge des geringen Umfanges heraus. Zugleich empfand man, daß das kleine Rad bei Hindernissen viel mehr springt als das große, das die Hindernisse mehr überbrückt (Abb. 1).

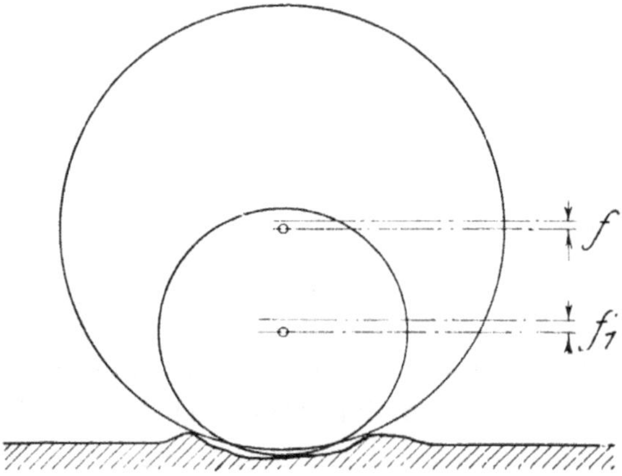

Abb. 1. Sprunghöhen eines kleinen (f_1) und eines großen Rades (f).

So vergrößerte man die Räder wieder und kam allmählich zu folgender Festlegung:

Kleine Wagen 650—700 mm
Mittlere Wagen 720—765 mm
Große schnelle Wagen 820—935 mm.

Die Theorie, daß ein größeres Rad weicher über ein Hindernis oder eine Vertiefung fährt, wurde durch den Niederdruckreifen über den Haufen geworfen. Dieser zeigte, daß das Problem nur abhängig vom Reifenquerschnitt und dem Luftdruck ist, nicht aber vom Reifendurchmesser. Man verwendet daher heute wieder auch an großen Wagen recht kleine Raddurchmesser, etwa 50 bis 100 mm kleiner als den obigen Angaben entspricht. Der Grund, warum man heute wieder zu kleineren Raddurchmessern übergeht, ist, daß man dadurch den Schnellauf des Wagens steigert, d. h. den vom Wagen bei einer Motordrehung zurückgelegten Weg. Zugleich wird die am Radumfang auftretende Kraft vergrößert, d. h. das Anzugsmoment erhöht; so erhält der Wagen zugleich ein größeres Beschleunigungsvermögen. Bei Verkleinerung des Raddurchmessers ist allerdings ein größerer Verschleiß wegen geringerer Umfangslänge mit in Kauf zu nehmen. Jedoch ist zu erwarten, daß die Fortschritte in der Herstellung der Reifen bald einen Ausgleich schaffen. Auch sind die konstruktiven Vorteile dieser Maßnahme so groß und der Wagen kann bedeutend niedriger gebaut werden, daß wohl allgemein zu kleineren Raddurchmessern übergegangen wird. Ein gewisses Hindernis auf dem Wege zum kleinen Raddurchmesser ist noch die Bremstrommel, die jetzt in unmittelbare Nähe des Reifens gelangt und diesen sehr stark erwärmt.

Für manche Zwecke ist es wichtig, einen ungefähren Überblick zu erhalten, welche Reifengrößen für einen Wagen von gegebenem Hubvolumen oder gegebenem Betriebsgewicht geeignet sind. Auf Grund der neuesten Unterlagen ist deshalb Tafel 1 zusammengestellt, bei der die heute allgemein angewendeten 11 Normreifen berücksichtigt sind. Es ist zu beachten, daß zwischen dieser Tafel und den Angaben der Reifenfabriken, die die Höchstbelastung eines Reifens angeben, einige Unterschiede bestehen werden. Die Angaben sind deshalb verschieden, weil zur Berechnung des Maximalgewichtes zu dem in Tafel 1 angegebenen Betriebsgewicht noch die Wagenbelastung, die von Fall zu Fall durch

Tafel 1.

Betriebs-gewicht[1]) des Wagens kg	Hub Volumen cm^3	Für Reifen		
		Wulst	Flachbett	Tiefbett
bis 800	bis 1000	715 X 115	—	26 X 4,40
bis 900	bis 1250	730 X 130	—	27 X 4,75
bis 1000	bis 1500	730 X 130	—	28 X 5,00
bis 1100	bis 1750	775 X 145	—	28 X 5,25
bis 1400	bis 2000	775 X 145	—	—
bis 2000	bis 3500	— {	32 X 6,00 32 X 6,75	32 X 6,00 32 X 6,75
über 2000	über 3500	—	32 X 6,75	32 X 6,75

den Wagenaufbau verschieden ist, hinzuzurechnen ist.

II. Personenwagenreifen.

a) Reifenaufbau.

Der Reifen bildet den Mittler zwischen Straße und Fahrzeug. So hat er nicht nur das volle statische Wagengewicht zu tragen, sondern auch die dynamischen Kräfte, die durch schnelles Fahren des Wagens ausgelöst werden, aufzunehmen. Die dynamischen Kräfte hat er nach Möglichkeit durch seine Elastizität aufzugleichen.

Neben der Polsterwirkung hat der Reifen noch die Aufgabe, das Fahrzeug sicher zu führen. Sein Partner ist hier die Straße, die die verschiedensten Oberflächen-formen zeigt, die sich wiederum in verschiedenem Zustand befinden können: trocken, naß, glatt, rauh, eben uneben

1 1 Wagengewicht mit Betriebsstoffen, jedoch ohne Personen und Gepäck.

usw. Allen diesen verschiedenen Oberflächen soll sich der Reifen nach Möglichkeit anpassen, und nicht nur in ganz neuem Zustand, sondern auch, wenn er bereits erheblich abgetragen ist. Allen Anforderungen am besten hat bisher bei allen freibeweglichen Transportmitteln, wie Fahrrad, Kraftrad, Personenwagen und Lastwagen, Flugzeug, ein Reifen mit Luftpolsterung entsprochen. Ursprünglich bestand der Reifen (nach dem Patent von Thompson aus dem Jahre 1845) nur aus einem kreisrunden Schlauch, der um das Rad gelegt war. Seit seiner Entstehung sind die Hauptbaustoffe des Reifens noch immer Gummi für die Lauffläche und Gewebe aus Baumwolle mit Gummitränkung für den Unterbau. Wir unterscheiden den Reifenmantel (oder Decke), kurz auch Reifen genannt, und den Schlauch aus Weichgummi, d. h. dasjenige Mittel, das die Luft enthält (Abb. 2). Bei Fahrrädern sind Reifen bekannt, die zugleich als Luftschlauch dienen (Schlauchreifen).

Der neuzeitliche Reifenmantel besteht aus folgenden drei Bauteilen:

1. Gewebeunterbau (Karkaß),
2. Reifenfüße, meist mit Drahtseileinlage,
3. Lauffläche aus Gummi mit Gleitschutzprofil,

vgl. Abb. 2 auf Seite 6.

1. Der Gewebeunterbau.

Das Reifengewebe als Träger des Luftkissens ist außerordentlichen Beanspruchungen unterworfen. Bei jeder Drehung des Rades wird jede Stelle des Reifens,besonders beim Überfahren von Hindernissen, starken Beanspruchungen ausgesetzt, die in einer Durchwalkung und Eindrückung des Reifens bestehen. So kommt jede Stelle eines Reifens von 750 mm Durchmesser auf 1 km Länge 440 mal

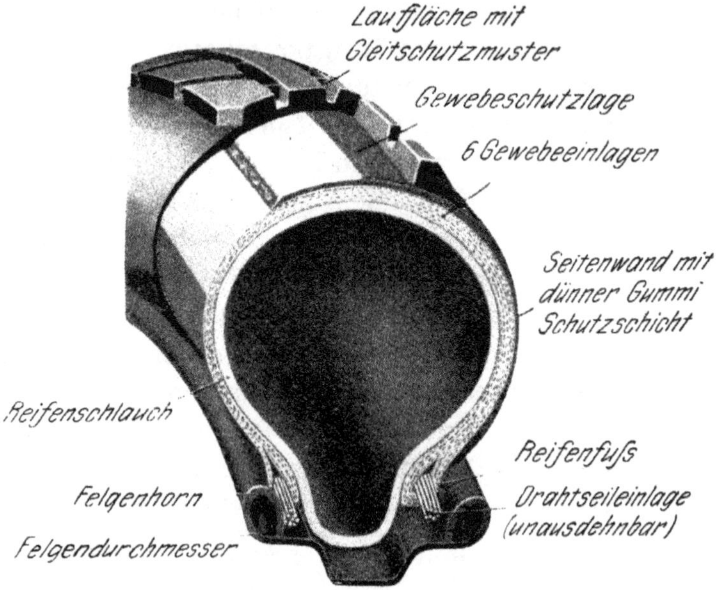

Abb. 2. Die einzelnen Bauteile des modernen Personenwagenreifens (Reifen für Tiefbettfelge).

mit der Straße in Berührung.

Rechnet man mit einer Lebensdauer von 25000 km, so erfährt der Reifen insgesamt ungefähr 10 Millionen Durchwalkungen, denen der Gewebeunterbau wider stehen muß.

Der Reifenunterbau besteht, wie Abb. 2 erkennen läßt, aus mehreren Lagen eines festen, dichten Gewebes.

Die richtige Konstruktion und Art des Gewebes war immer ein Hauptproblem in der Entwicklung des Reifens und ist es noch heute. Vom Jahre 1891 an, wo der Luft-

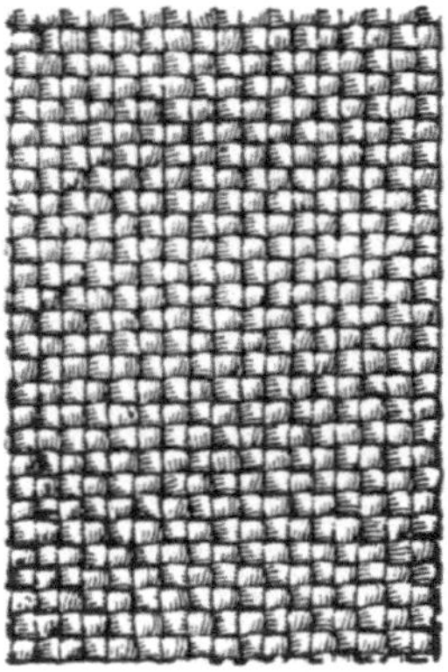

a Kreuzgewebe

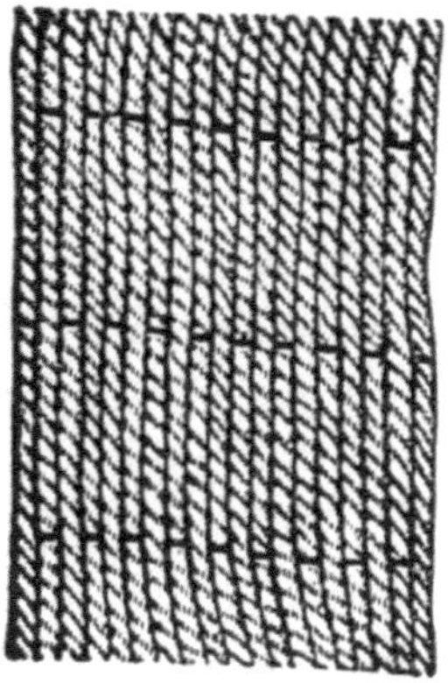

b Cordgewebe

Abb. 3 a—c. Gewebearten für den Luftreifen.

C Schußfloses Cordgewebe

reifen für Fahrräder aufkam, wurden Versuche mit jeder nur denkbaren Art Gewebefaser, z. B. Leinen, Hanf, Seide, unternommen, bis 1895 die Kreuzgewebeform (Abb. 3 a) angenommen wurde. Der Aufbau dieses Gewebes ist so, daß eine gleiche Zahl Kette und Schußfäden vorhanden sind, so daß in beiden Richtungen dieselbe Festigkeit besteht. Die Fäden liegen weit genug auseinander, damit Gummilösung gut dazwischen eindringen kann und so die Gewebefasern isoliert.

Seit der Annahme des Kreuzgewebereifens wurden für annähernd 25 Jahre keine Änderungen im Gewebeaufbau des Reifens getroffen. Schon in den Anfängen des Luftreifens wurde das sog. Cordgewebe (Abb. 3b) bekannt; jedoch wurden erst 1915/16 die Vorteile dieses neuen Gewebes endgültig bewiesen. Im Jahre 1922 war die Hälfte der Reifen in Amerika mit diesem Gewebe versehen. Heute besitzen es nahezu 100% aller Reifen sowohl im In- als auch im Ausland. Die Anwendung von Cordgewebe ist eine Grundbedingung für die großen Luftreifen für Lastwagen und den Niederdruckreifen.

Die Einführung des Cordgewebes (Abb. 3b) beseitigte die Reibungsarbeit der einzelnen gekreuzten Fäden und machte es erst möglich, die einzelnen Cordfäden gegenseitig durch Gummi zu isolieren. Diese Änderung war fundamental für die Verbesserung der Qualität und die Lebensdauer des Luftreifens. Bei aller Festigkeit und Güte der Baumwolle waren die Kreuzgewebereifen im allgemeinen nicht zufriedenstellend und gaben im besten Falle 8000 bis 10000 km Lebensdauer; platzten jedoch auch häufig bei geringeren Wegstrecken, besonders wenn sie für kurze Zeit unter zu geringem Luftdruck liefen. So lernte man aus den Erfahrungen, daß nicht nur Festigkeit des Gewebes, sondern eine bessere Verbindung zwischen Gummi und Baumwolle erforderlich war, um gute Flexibilität und verringerte Reibung zu erzielen. Beim Kreuzgewebe war es unmöglich, die Gummilösung so zwischen die verwebten Fäden zu bringen, daß unter den Bedingungen der Straße die Fäden sich nicht aneinander rieben, was Trennungen der Gewebeeinlagen und schließlich Platzen des Reifens verursachte. Erst dem Cordgewebe war es möglich, den Faden vollständiger in Gummi einzubetten und viele der alten Fehler zu beseitigen.

Das Cordgewebe unterscheidet sich vom Kreuzgewebe dadurch, daß die Schußfäden nahezu fortgelassen sind. So sind im Cordgewebe auf 1" Breite in der Kette 20 bis 26 Cordfäden enthalten, im Schuß da gegen nur 2 bis 6 Fäden.

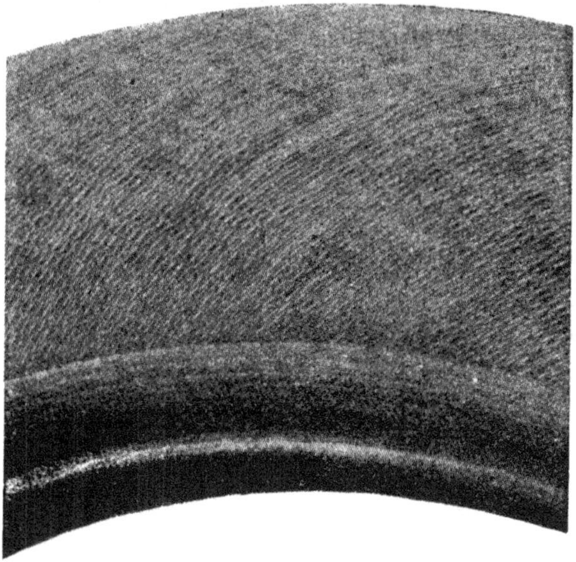

Abb. 4. Lage der Cordfäden im fertigen Reifen (etwa unter 45° zur Felge geneigt).

Die Cordfäden können aus etwa 15 Einzelfäden bestehen, die zu einem einzigen Faden verzwirnt sind, während die Schußfäden meist aus einem Faden bestehen. Es entsteht so ein sehr loses Gewebe. Für den Reifenaufbau werden mehrere dieser Lagen unter 90° gekreuzt aufeinandergelegt und gegenseitig gummiert. Meist liegen die Gewebelagen unter 45° zum Umfang des Reifens (Abb. 4), so daß dieser in jeder Richtung hin gleiche Festigkeit erhält.

Aus dem Cordgewebe entwickelte sich eine neue Art Gewebe: das schußlose Cordgewebe (Web cord), Abb. 3 c. Man ging von der Überlegung aus, daß, wenn Cordreifen besser sind als Kreuzgewebereifen, die Cordreifen wiederum verbessert würden, wenn man noch die Schußfäden wegließ. Ursprünglich bestanden große Schwierigkeiten in der Behandlung dieses Gewebes bei der Fabrikation, die heute zum großen Teil überwunden sind. Bei diesem Gewebe ist es wünschenswert, daß jeder einzelne Faden gut in Gummi eingebettet ist.

2. Die Reifenseitenwand.

Diese ist meist nur mit einer dünnen Gummihaut umkleidet. Die Gefahr liegt vor, daß, wenn der Reifen an Bordschwellen usw. reibt und das Gewebe zutage tritt, dann Staub und Wasser eindringen und das Gewebe leicht zerstört wird.

Abb. 5- Schutz der Reifenseitenwand vor Verletzungen durch besondere Rillen aus Gummi.

Es gibt deshalb neuerdings verschiedene Reifenkonstruktionen, die hier einen besonderen Schutz besitzen. Abb. 5 zeigt einen amerikanischen Reifen der letzten Jahre mit erhabenen besonderen Gummirillen.

3. Reifenlauffläche.

Es sind zu unterscheiden: Reifen mit rundem und Reifen mit flachem Laufflächenquerschnitt (Abb. 6 a und 6b). Die Reifen der früheren Jahre hatten durchweg runden Querschnitt Abb. 6a). Während beim runden Querschnitt unter der Belastung sich die Länge und Breite der Auflagefläche ändert, ändert sich beim flachen Querschnitt nur noch die Länge, die Breite bleibt annähernd konstant.

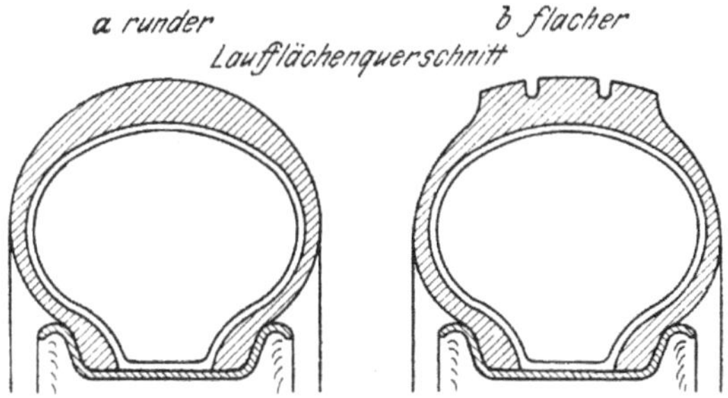

Abb. 6. Laufflächenformen.

Die Ausbildung der Lauffläche, ihre Gummizusammensetzung und die Bemusterung ist bei den Reifen, je nach Firma, ganz verschieden. Für den Laufflächengummi hat sich in letzter Zeit ein Gummi sehr bewährt, der einen erheblichen Zusatz von Gasruß (schwarze Reifenlauffläche) enthält. Dieser Zusatz vergrößert den Abnutzungswiderstand erheblich. Für die Bemusterung der Lauffläche lassen sich auf Grund eingehender Untersuchungen der letzten Zeit folgende Regeln geben:

1. Beim Aufsetzen des Reifens auf die Fahrbahn staut sich die Masse der Lauffläche von der Seite nach der Mitte. Es entstehen so bei nicht unterbrochener Lauffläche Gleitbewegungen, die den Reibungskoeffizienten zwischen Reifen und Straße herabsetzen. Es wird deshalb bei allen modernen Reifen eine starke Durchbrechung der Lauffläche angewandt.(Vgl. Abb. 2 auf S. 6 und Abb. 12 auf S. 17).
2. Der spezifische Flächendruck (Belastung dividiert durch Fläche) wird um so größer, je mehr die Lauffläche unterbrochen ist, da die gleiche Last von einer kleineren Fläche getragen wird.
3. Bei rundem Querschnitt (s. oben) sind die Gleitbewegungen nach 1. größer. Der spezifische Flächendruck nimmt nach den Seiten hin erheblich ab. Es hat sich deshalb der flache Laufflächenquerschnitt (Abb. 6b) immer mehr und mehr eingebürgert.
4. Längsschnitte und Rippen, die um den ganzen Umfang laufen, verhindern seitliches Abweichen und Gleiten von der Reifenspur bei schnellem Fahren in Kurven. Es entstehen dadurch starke Kantenpressungen, die so groß sind, daß die Fliehkraft des Wagens nicht imstande ist, ein Abweichen von der Spur zu bewirken.
5. Winkelrechte oder nahezu winkelrecht liegende Einschnitte unterstützen die Bremswirkung und verhindern ein Rutschen.
6. Geradseitig begrenzte Muster zeigen bessere Gleitschutzwirkung als solche, die durch Kurven oder Kreisbögen begrenzt sind.

7. Nach außen hin müssen die Muster offen sein, um dem Schmutz oder auf glatter Straße der Luft, die eingeschlossen ist, einen Ausweg zu geben (sonst entstehen starke Laufgeräusche). Die Haftwirkung durch Ansaugen bei geschlossenem Muster bringt keine Vorteile.

8. Eine Abnutzung tritt stets dort ein, wo große Kräfte bzw. große spezifische Flächendrucke auftreten, d.h. in der Reifenmitte. Bei Hochdruckreifen hatte man 30% mehr Gummi in der Mitte, bei Niederdruckreifen wegen der gleichmäßigeren Abnutzung nur 10% mehr Gummi.

4. Reifenfüße.

Der Reifenfuß wird durch eine Verdickung, die durch Umführen der Leinwandeinlagen entsteht, gebildet. Abb. 2 auf Seite 6. Je nach der Befestigung in der Felge besitzt der Reifen einen elastischen Fuß (Wulstbefestigung) oder einen Fuß mit Drahtseileinlage (Geradseit oder Stahlseilreifen). Abb. 2 zeigt einen Stahlseilreifen. Während bei der Wulstbefestigung der Reifenfußdurchmesser ausdehnbar ist, um das Auf- und Abbringen des Reifens zu ermöglichen, ist beim Geradseitreifen der Reifenfußdurchmesser unveränderlich.

5. Schlauch mit Ventil.

Der Schlauch ist der eigentliche Träger der Luft im Reifen. Er besteht aus sehr weichem, elastischem Gummi von meist kreisförmiger Gestalt. Während der Schlauch früher aus einem runden Schlauchstück endlicher Länge hergestellt wurde, dessen Enden verbunden wurden, ist dies bei den heutigen kleinen Durchmessern und verhältnismäßig großen Querschnitten nicht mehr möglich. Man bildet den Schlauch so aus, daß er den Reifenhohlraum ohne jeden Knick ausfüllt. Zu diesem Zwecke werden die Schläuche in besonderen Formen vulkanisiert; dies ist besonders beim Schlauch für Tiefbettfelgen notwendig (Abb. 2 auf Seite 6) die unten trapezförmig ausgebildet sein müssen. Das Schlauchventil ist ein sog. Rückschlagventil, d. h. es gestattet nur in normaler Stellung das Eintreten von Luft in den Schlauch (Abb. 7). Im Laufe der Zeit haben sich eine Reihe Standardformen herausgebildet. Neben verschiedenen Sonderausführungen wird heute in den meisten Fällen das sog. Schraderventil angewendet. Die Anschlußmasse der Ventile werden jetzt genormt, und zwar wird ein Ventil für Krafträder (Abb. 8), ein Ventil für Flachbettfelgen (Abb. 9), ein Ventil für Tiefbettfelgen (Abb. 10) und 2 Winkelventile für Lastwagen (Abb. 11) festgelegt. Während bisher die Schläuche nicht ohne weiteres auswechselbar waren, da das Ventil zum

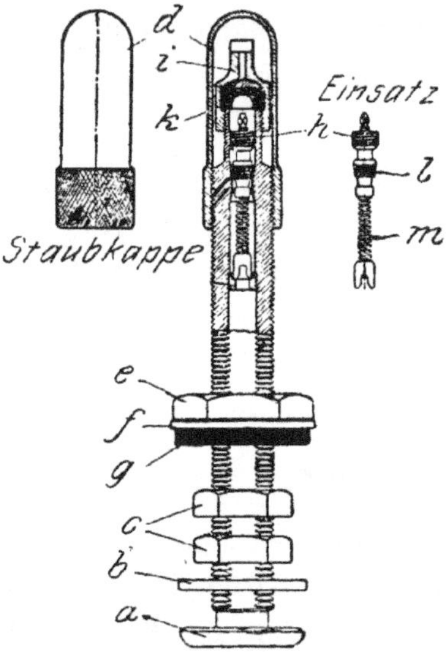

Abb. 7. Schlauchventil. a Ventilkörper. b Unterlegscheibe. c Sechskantmuttern zur Befestigung des Schlauches und der Ventilbrücke. d Staubkappe. e Sechskantmutter zur Befestigung an der Felge. f runde Scheibe (sog. Rondell). g elastische Dichtscheibe aus Gummi. h Ventileinsatz. i Ventilkäppchen zum Abschluß des Luftkanals. k Gummidichtung des Ventilkäppchens. l Dichtkegel (aus Gummi) am Ventileinsatz. m Andrückfeder am Ventileinsatz.

Rad stimmen mußte, sind die genormten Ventile für alle

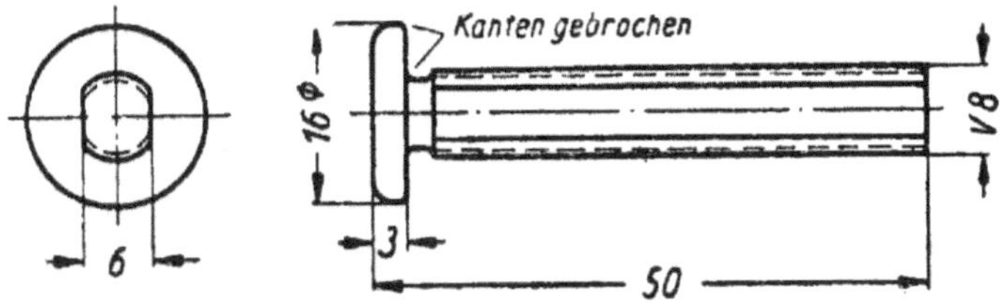

Abb. 8. Ventilkörper für Krafträder.

Reifen und Radgrößen anwendbar.

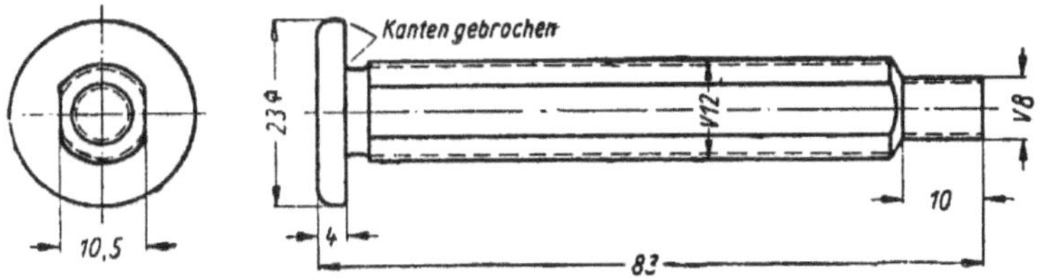

Abb. 9. Ventilkörper für Flachbettfelgen (Personenwagen).

Für manche Reifen und Felgenarten sind noch erforderlich Wulstbänder und Felgenbänder.

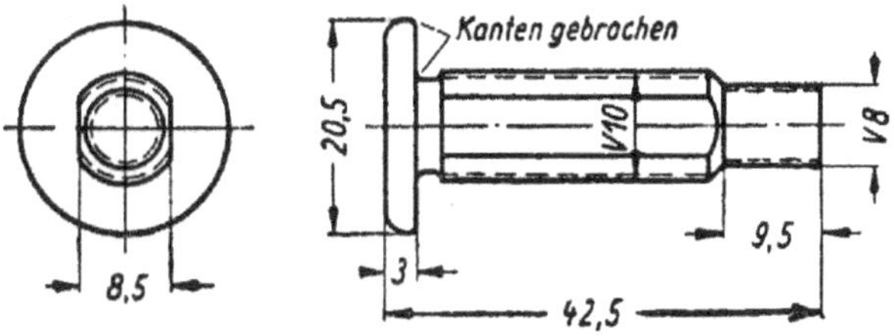

Abb. 10. Ventilkörper für Tiefbettfelgen (Personenwagen).

Wulstbänder (englisch flap genannt) sind für jeden Geradseitstreifen (vgl. weiter unten Seite 46) insbesondere die Luftreifen für Lastkraftwagen erforderlich. Das Wulstband besteht aus einem endlosen Gummiband, das zwischen die Reifenfüße auf die Felge so gelegt wird, daß der Schlauch nicht mit dem Felgenboden in Berührung kommen kann.

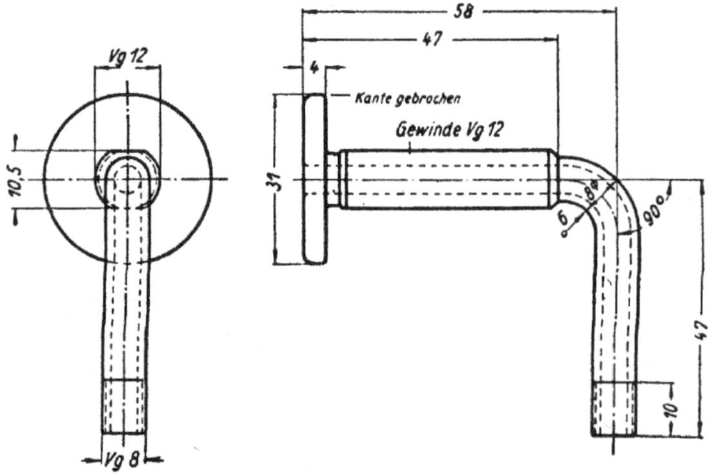

Abb. 11. Winkelventil 90° für Lastkraftwagen. Ein gleiches Ventil für Lastkraftwagen mit 45° Biegung ist ebenfalls genormt. Für diese Ventile wird neuerdings keine Staubkappe mehr verwendet.

Felgenbänder dienen zum Schutz von Reifenschlauch und Reifenmantel an Drahtspeichenrädern vor Verletzungen durch scharfkantige und hervor stehende Drahtspeichenenden.

b) Die Entwicklung des Niederdruckreifens.

Der Niederdruckreifen brachte für die gesamte Bereifung eine außerordentliche Umwälzung, die in manchen Punkten seit langem vorausgeahnt, plötzlich im Jahre 1924 einsetzte und bereits 1926 in allen Ländern mit eigener Automobilindustrie durchgeführt war

Interessant ist, daß die Grundlage für den Niederdruckreifen bereits im ersten Luftreifen-Patent von

1 2 3 4 5 6

Abb. 12. 1 Kraftrad. 2 Personenwagen: Hochdruck. 3 Personenwagen: Halbniederdruck. 4 Personenwagen: Niederdruck. 5 Lastwagen: Hochdruck. 6 Lastwagen: Niederdruck.

R. W. Thompson vom Jahre 1845 zu finden ist. Dieser empfahl die Benutzung eines Hohlgürtels aus Kautschuk und Guttapercha, der mit Luft zu füllen ist, wodurch bei jeder Radumdrehung dem Boden, indem die Räder laufen, ein regelrechtes Luftkissen nach allen Seiten entgegengesetzt wird. Man war jedoch damals nicht imstande, Reifen für diese hohe Beanspruchung mit etwa 130 mm Querschnitt und niedrigem Luftdruck zu bauen. Man kam deshalb vom Luftreifen sehr schnell wieder ab und verwendete weiter den Vollgummireifen für Wagen, die besonders ruhig und stoßfrei laufen sollten. Der Luftreifen wurde erst mit dem Aufkommen des Fahrrades von dem Belfaster Tierarzt J. B. Dunlop wieder angewandt (im Jahre 1888). Der Luftreifen wurde durch eine große Zahl Reifenfabriken Europas und Amerikas mit dem Aufkommen des Automobils als vergrößerter und verstärkter Fahrradreifen entwickelt. Er besaß steife Wandungen bei kleinem Querschnitt und hohem Innendruck. In Europa wurde der Wulststreifen entwickelt, und nach einer Unzahl Abmessungen in den Vorkriegszeiten wurden in Deutschland im Jahre 1920 folgende, heute nur noch für Ersatzlieferungen angewandte Abmessungen und Felgen festgelegt (s. Tafel 2 S. 19).

Der Hochdruckreifen trug die aufgelegte Belastung und hielt den Beanspruchungen für eine gewisse Zeitdauer stand. Dem Thompsonschen Gedanken der Kissenwirkung konnte jedoch nicht Rechnung getragen werden, da zu wenig aufgepumpte, also weiche, Reifen wegen übermäßiger Beanspruchung der Gewebe nach kurzer Zeit bald den Dienst versagten. Erst eine Verbesserung der Reifengewebe (vgl. Seite 9) setzte nach etwa dreißigjähriger Entwicklung die Reifenindustrie in den Stand, die Reifenform allmählich zu ändern. Es entstand eine neue Reihe Reifen, die sog. Übergrößen, die einen größeren Querschnitt und etwas geringeren Luftdruck als die Regelgrößen besaßen und in den Jahren 1922 bis 24 die kleinen alten Reifen fast ganz verdrängten.

Tafel 2. Maße in mm:

Bezeichnung		Abmessungen angenähert		Für Felge
Regelgröße	Übergröße	Durchmesser	Breite	
710 X 90		690	85	710 X 90
	710 X 100	705	94	710 X 90
760 X 100		758	94	760 X 90
	765 X 105	775	102	760 X 90
815 X 105		831	102	815 X 105
	815 X 120*	850	115	815 X 105
820 X 120		806	115	820 X 120
	820 X 135	828	132	820 X 120
880 X 120		870	115	880 X 120
	880 X 135*	893	132	880 X 120
895 X 135		854	132	895 X 135
	895 X 150	886	142	895 X 135
935 X 135		907	132	935 X 135
	935 X 150*	938	142	935 X 135
1035 X 135		1010	132	1035 X 135
	1035 X 150*	1035	142	1035 X 135

Norm für Luftreifen (Hochdruckreifen mit Wulst) Jahr 1920. Im Jahre 1924 wurden die Regelgrößen, im Jahre 1925 die mit * versehenen Größen gestrichen. Die Übergrößen erhielten die Regelgrößenbezeichnung, der Reifen 765 X 105 wurde einer neuen Felge 765 X 105 zugeordnet. Die Reifenabmessungen gelten für den aufgepumpten und unbelasteten Reifen.

Dann kam auf einmal eine ganz radikale Änderung, hervorgerufen durch die Einführung (vgl. S. 9) des Cordgewebes. Aus den Übergrößen wurden sozusagen

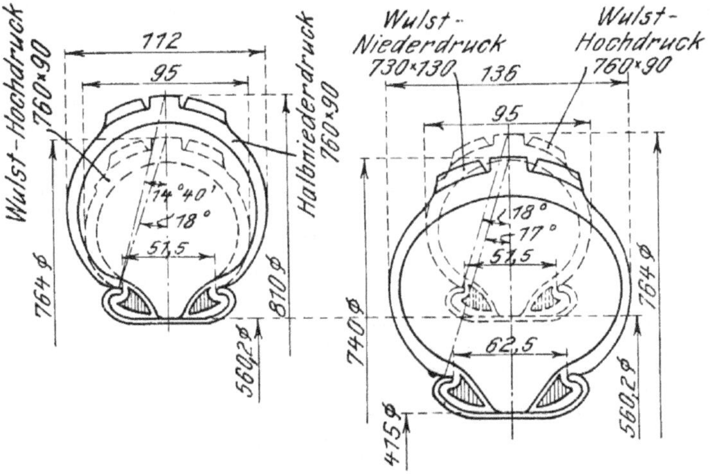

Abb. 13. Übergang vom Hochdruckreifen (gestrichelt) über den Halbniederdruckreifen (links) zum Niederdruckreifen (rechts).

Überübergrößen, d. h. neue Reifen, die einen größeren Querschnitt besaßen, geringeren Druck hatten und schwächere Seitenwände aufwiesen. In Abb. 13 ist der Übergang von einem Wulst-Hochdruckreifen 760 x 90 mm zu einem Wulst-Niederdruckreifen 730 x 130 mm, der diese Hochdruckgröße ersetzen soll, gezeigt. Man sieht einmal, daß der Reifenaußendurchmesser beider Reifen ungefähr gleich ist. Das geschieht mit Rücksicht auf das Übersetzungsverhältnis des Wagens überhaupt, und mit Rücksicht auf die Wagenkonstruktion. Das größere Volumen des neuen Reifens verlangt jedoch einen kleineren Felgendurchmesser. Zu beachten ist auch, daß man das Felgenprofil gegenüber der alten Felge vergrößert hat. Hierdurch gewinnt der Reifen trotz größeren Querschnittes an Stabilität (ausgedrückt durch den Winkel zwischen Mitte der Reifenlauffläche und Felgenbasis-Stabilitätswinkel). Man sieht aus dem Bild, daß beide Reifen fast gleichen Stabilitätswinkel besitzen, nämlich 18° und 17°. Man beobachte auch die vergrößerte Reifenbreite, die die Anwendung des neuen Reifens an vorhandenen Wagen in den meisten Fällen unmöglich macht und bei Neukonstruktionen besonders zu berücksichtigen ist. Die Seitenwände sind dünner, die Reifenlaufläche ist etwas vergrößert. Die ersten Niederdruckreifen, die bei uns auf den Markt kamen, waren folgende 4 Größen von Wulst-Niederdruckreifen (Tafel 3):

Tafel 3. Maße in mm:

Bezeichnung Nenndurchmesser X Nennbreite	Abmessungen[1])	
	Durchmesser	Breite
715 X 115	715 ± 10	115 ± 5
730 X 130	740 ± 10	130 ± 5
775 X 145	800 + 10	145 ± 5
(860 X 160)[2])	852 ± 10	160 ± 5

Um die Einführung des Niederdruckreifens zu befördern und das Publikum rasch von den Vorteilen dieses neuen Reifensystems zu überzeugen, wählte man noch eine Zwischenlösung von Niederdruckreifen für vorhandene Wagen, d. h. man baute Niederdruckreifen für vorhandene Hochdruckfelgen. Diese Reifen konnten schon aus technischen Gründen nicht voll befriedigen.

1 Die Reifenabmessungen gelten für den aufgepumpten und unbelasteten Reifen.
2 Dieser Reifen ist als Normreifen gestrichen.

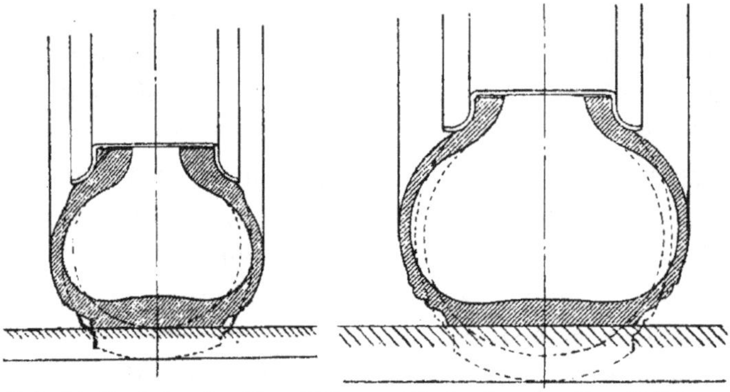

Abb. 14. Hochdruckreifen: 765 kg Belastung, 4½ at Luftdruck 170 cm^2 Bodenberührungsfläche.

Niederdruckreifen: 765 kg Belastung, 2¼ at Luftdruck, 340 cm^2 Bodenberührungsfläche.

Vergleich zwischen Hochdruck und Niederdruckreifen. Die Belastung der Reifen ist dieselbe. Der Luftdruck ist nur ½ so groß und dafür der Luftinhalt und die Bodenberührungsfläche verdoppelt.

Abb. 14 zeigt den Ersatz des Reifens 760x90 Hochdruck durch 760x90 Halbniederdruck. (Nach den Bezeichnungen der Reifenfabriken: Type- oder Semi-Ballon.) Man sieht, daß dieser Reifen einen erheblich größeren Durchmesser besitzt. Infolgedessen wird das Unterbringen zwischen den Kotflügeln erschwert. Ferner ist der Stabilitätswinkel bedeutend verkleinert; nämlich von 18° auf 14° 40'.

Die Vorteile des Niederdruckreifens zeigen sich ganz hervorragend beim Fahren. Infolge des niederen Luftdruckes und der dünneren Wandungen federt der Reifen bedeutend stärker (Abb. 14) und schluckt jetzt sozusagen die Hindernisse, während der Hochdruckreifen bisher die Hindernisse überkletterte. Als Nachteile des Niederdruckreifens zeigte sich anfänglich eine starke Abnutzung der Vorderradreifen, sowie ein Tanzen der Vorderräder bei verschiedenen Wagentypen (vgl. auch Seite 128). Es ist in den letzten Jahren jedoch gelungen, diese Fehler nach Möglichkeit zu beheben. Es ist festzustellen, daß hieran nicht der Reifen die Alleinschuld trägt, sondern daß konstruktive Maßnahmen, wie Achssturz, Einzug der Vorderräder, Ausrichtung der Achsen, Lage der Steuerung, sehr erheblich zur Beseitigung der Fehler beigetragen haben. Die Befürchtungen, daß der Niederdruckreifen den Kraftstoffverbrauch vermehren würde, haben sich nicht bewahrheitet; wissenschaftliche Versuche zeigten lediglich eine geringe Steigerung; ebenso ist die Fahrgeschwindigkeit der Wagen nur wenig vermindert; auf schlechten Straßen beobachtet man sogar eine er hebliche Steigerung der Durchschnittsgeschwindigkeit.

Anfänglich verwendete man Reifen mit ganz wenig Gewebeeinlagen. So wiesen manche Reifen der Größe 715 x 115 nur zwei, andere Reifen vier Gewebeeinlagen gegenüber früher sechs bis acht auf. Der Innendruck betrug nur 1,5 bis 2 at. Überdruck. Nach und nach setzte man den Luftdruck wieder herauf und vergrößerte die Anzahl Gewebeeinlagen. Die kleinen Reifen besitzen heute normalerweise vier Gewebeeinlagen; die größeren sechs. Bei den großen Reifen kann man heute tatsächlich von Mitteldruckreifen sprechen, da man auch von den anfänglich großen Querschnitten wieder abgegangen ist. Besonders verzichtete man auf die ganz schweren Reifen und begnügt sich heute auch bei den schwersten Wagentypen mit mittleren Größen.

Tafel 4. Maße in mm. Stahlseil-(SS.) Niederdruckreifen für Personen-, Liefer- und Lastkraftwagen.

Bezeichnung1) Nennbreite/Felgen-durchmesser Zoll	Abmessungen²) Durchmesser D	Breite b	Höchstbelastung kg	Reifendruck kg/cm²	Für Felge	Außerdem für Felge
4,50/18 (26 X 4,40)	700 ± 10	112 ± 5	275 325 375	1,75 2,00 2,25	4 x 18 KrW 115	---
4,75/18 (27 X 4,75)	710 ± 10	119 ± 5	325 375 425	11,75 2,00 2,25		
5,00/18 (28 X 5,00) (27 X 4,95)	727 ± 10	125 ± 5	375 425 475	2,00 12,25 2,50		
5,25/18 (28 x 5,25)	740 ± 10	135 ± 5	425 475 525	2,00 2,25 2,50		
5,50/20 (30 x 5,50) (30 x 5,25)	790 ± 10	140 ± 5	475 525 575	2,00 2,25 2,50	$4^{1/2}$ x 20 KrW 115	29 X $4^{1/2}$/20 KrW 117
6,00/20 (32 x 6,00) (30 x 5,77)	825 ± 10	155 ± 5	525 600 675	2,25 2,50 2,75		
6,00/20 (32 x 6,50) (32 x 6,20)	840 ± 10	165 ± 5	600 700 800	2,50 2,75 3,00	5 X 20 KrW 115	30 x 5/20 KrW 117
7,00/20 (34 x 7,00) (32 x 6,75)	860 ± 10	175 ± 5	700 825 950	2,75 3,00 3,25		
7,50/20 (34 x 7,50)	910 ± 15	190 ± 7	950 1100	3,25 3,50	32 x 6 KrW 106	---
8,25/20 (36 X 8,25)	940 ± 15	210 ± 7	1050 1275	3,25 3,50	34 X 7 KrW 106	---
9,00/20 (38 X 9,00)	970 ± 15	230 ± 7	1250 1450	3,25 3,50		
10,50/20(40 x 10,50)	1045 ± 15	270 ± 7	1650 1825	3,25 3,50	36 X 8 KrW 106	---
12,00/20(44 x 12,00)	1130 ± 15	305 ± 7	2045 2275	3,75 4,00	40 X 10 KrW 106	---

1) Für die Übergangszeit wird die frühere Bezeichnung in Klammern hinzugefügt
2) Die Reifenabmessungen gelten für den aufgepumpten und unbelasteten Reifen.

Die technischen Änderungen der letzten Jahre wirkten sich besonders hinsichtlich der Reifenbefestigung aus (vgl. Seite 41). Die heutigen Normalreifen für den Personenwagen sind Geradseit- oder Stahlseilreifen für Tiefbett- und Flachbettfelgen nach Tafel 4.

c) Reifenzubehör.

Zur Füllung des Reifens mit Luft verwendet man

a.) Hand- oder Fußluftpumpen,

b.) Preßluftflaschen,

c.) Motorische Luftpumpen.

Die Hand- oder Fußluftpumpen sind heute nur noch als Behelfseinrichtungen anzusprechen. Die Preßluftflasche vermeidet jede anstrengende Arbeit und kann, da sie nicht groß ist (etwa 55 cm lang, für 5 große Hochdruckreifen; Gewicht der gefüllten Flasche etwa 7 kg) bequem auf dem Wagen mitgeführt werden. Motorluftpumpen werden in Garagen und Tankstellen verwendet. Fast sämtliche moderne Lastkraftwagen auf Luftreifen haben Luftpumpen, die vom Getriebe aus angetrieben werden, da hier ein Aufpumpen von Hand zu anstrengend ist. Es ist darauf zu achten, daß die Pumpe ölfreie Luft abgibt, da Öl den Schlauch angreift.

Zur Kontrolle des richtigen Luftdruckes (auch bei Aufpumpen durch Luftflasche) ist stets ein Kontrolldruckmesser am Schlauchventil anzusetzen. An jedem Wagen sollte ein derartiges Instrument vorhanden sein. Sie werden von den Reifenfabriken zu mäßigen Preisen geliefert. Regelmäßige, am besten tägliche Prüfung ist anzuraten (vgl. Seite 126).

d) Schneeketten.

In tiefem Schnee, Morast oder auf vereisten Straßen genügt die Gleitschutz-Lauffläche des Reifens nicht, um den Wagen vorwärts zu bewegen. Einesteils ist der Widerstand zu groß, andererseits der Reibungskoeffizient zwischen Reifen und Straße zu klein. Die Räder des Wagens mahlen oder spinnen, d. h. drehen sich auf der Stelle, ohne den Wagen vorwärts bewegen zu können. Hierdurch gräbt sich der Wagen sehr rasch ein.

Für diese Fälle (Notfälle!) sind die Schneeketten gedacht, d. h. Ketten, die die Reifenlaufflächen umgeben und so das Laufflächenprofil erheblich erhöhen. Der Reifen erhält dadurch eine ganz erhebliche Steigerung seiner Greiffähigkeit.

Eine normale Schneekette (Abb. 15) besteht aus folgenden 4 Grundbestandteilen:

1. Greifkette,
2. Seitenketten,
3. Haken, in die die Seitenketten eingehängt werden,
4. Kettenverschluß.

Auf die gute einwandfreie Beschaffenheit jedes dieser Einzelteile ist großer Wert zu legen.

Es haben sich im allgemeinen zwei Arten von Greifketten eingeführt: 1. die sog. Stollen- oder Leiterketten und 2. Ketten mit sich kreuzenden Stollen. Bei Personenwagenreifen soll die Greifkette etwa 5 bis 6 mm dick sein. Die Seitenkette soll möglichst flache Form haben und in richtigem Verhältnis zur Greifkette stehen.

Abb. 15. Normale Gleitschutzkette an Riesenluftreifen.

Schwächere Glieder als 1 mm sollen nicht verwendet werden.

Vor allen Dingen ist darauf zu achten, daß die Kette gut paßt, d. h. sich gut an den Reifen anschmiegt. Ketten, die früher an Hochdruckreifen verwendet wurden, sind für Niederdruckreifen besonders umzuarbeiten, da sonst ein einwandfreies Arbeiten nicht erwartet werden kann.

Für die Anbringung der Ketten sollen folgende Regeln beachtet werden: Die Seitenkette soll nicht tiefer als höchstens bis zum Felgenrand herunterreichen, besser jedoch etwas höher sitzen. Ein tieferer Sitz erzeugt das lästige Klappern der Kette. Nach dem Auflegen ist die Kette zu spannen. Nach etwa 1 bis 2 km Fahrt ist sie nochmals auf richtigen Sitz nachzuprüfen und wenn nötig nachzuspannen. Wenn man ohne Mühe unter die Greifkette noch einen starken Bleistift schieben kann, so hat die Kette ihren richtigen Sitz. Sie beschädigt weder die Bereifung, noch ist sie selbst Beschädigungen ausgesetzt. Ist die Kette zu fest gespannt, so kann eine Beschädigung der Bereifung dadurch eintreten, daß die einzelnen Kettenglieder stets auf die gleiche Stelle der Bereifung drücken und so nach kurzer Laufdauer den Reifen zerstören. Ist die Kette aber entsprechend obiger Angabe gespannt, so soll sie „wandern", d.h. sich millimeterweise entgegen der Fahrtrichtung bewegen und so immer auf einer anderen Stelle des Reifens aufliegen. Bei richtiger Montage und vernünftigem Fahren sollen tausende von Kilometern ohne die geringste ungünstige Einwirkung auf die Bereifung bleiben.

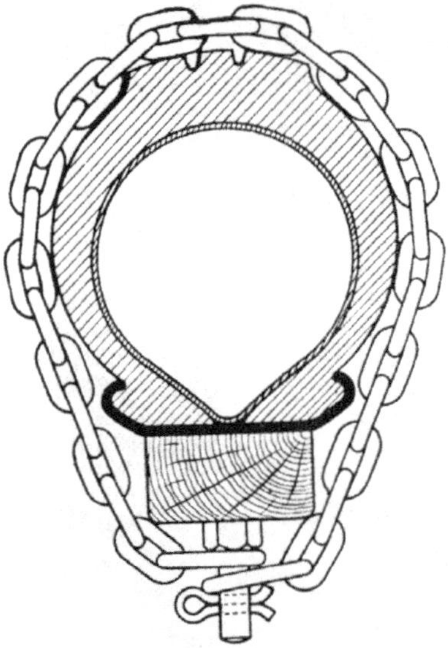

Abb. 16. Gleitschutzkettenbefestigung von Büssing.

Eine Verbesserung der Schneekette wurde dadurch erzielt, daß man sie in einzelne Stollen zerlegte, deren Lage am Rade durch besondere Hilfsmittel gesichert wurde. Bekannt wurde der Kettengleitschutz von H. Büssing,

Abb. 17. Schneekette mit Leiterstollen aus Gummi.

bei dem die Enden der Kette über einen zwischen den Speichen befindlichen Bolzen c gesteckt werden und durch einen Splint d gegen Abfallen gesichert werden (Abb. 16).

Leider ist festzustellen, daß die Schneeketten selten in dieser richtigen Art montiert werden. Auch ist die Haltbarkeit der auf dem Markte befindlichen Ketten nicht so groß, daß im allgemeinen derartige Ergebnisse erzielt werden. Von diesem Gesichtspunkt aus sollte man deshalb verschiedenen Neuerungen auf dem Gebiet der Schneeketten besondere Aufmerksamkeit schenken, da verschiedene der heute auftretenden Mängel hierdurch erheblich gemildert werden können. Es sind dies einmal Ketten, bei denen man auf die Greifkette üblicher Bauart verzichtet und sie durch Gummilaschen ersetzt. Damit wird dem häufig entstehenden Übel abgeholfen, daß die Schneekette sich in den Reifen eindrückt und diesen bis auf die Gewebeeinlagen durchscheuert. Zwar gibt es eine Reihe von Schneeketten, bei denen man zur Vergrößerung der Auflagefläche unter die Querstege Ledermanschetten legt, die Lösung durch Gummistege scheint jedoch recht gut zu sein. Abb. 17 zeigt eine Ausführung, bei der die Greifkette durch stollenförmige Gummiglieder ersetzt ist. Jeder Gummisteg besitzt Einlagen aus Stahlkabel, die 4 Reihen von Stiften besitzen; dadurch wird der Reifen gegen Gleiten geschützt. Das Gummiglied hat noch den Vorteil, daß es in Fahrtrichtung elastisch nachgibt und auch beim Fahren auf nicht vereisten Landstraßen diese nicht so sehr in Mitleidenschaft zieht. Eine andere Ausführungsart dieser Gummistege weist 2 gekreuzte Stollen auf (Abb. 18).

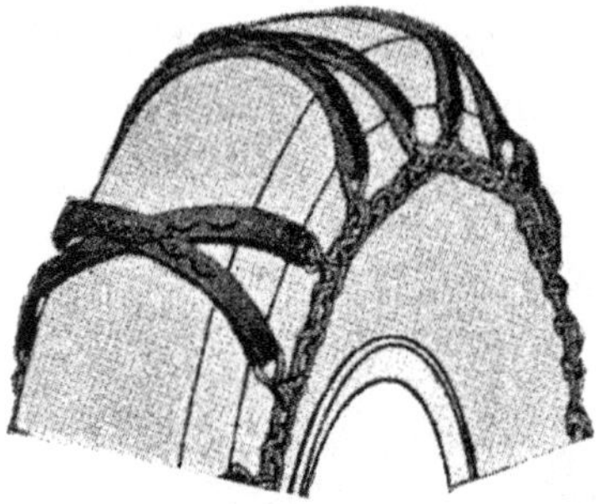
Abb.18. Gummigleitschutzkette mit gekreuzten Stollen.

Zur Abwendung eines anderen Übels der heutigen Schneekette, nämlich des Schlagens der beim Fahren gelockerten Seitenkette, werden sog. Schneekettenspannkreuze empfohlen. Diese bestehen aus einem Ring, der um die Radachse gelegt wird. Von diesem Ring aus laufen radial kräftige Schraubenfedern, die in die Seitenkette eingehängt werden. Dadurch wird die Seitenkette mit konstanter Spannung nach innen gezogen (Abb. 19).

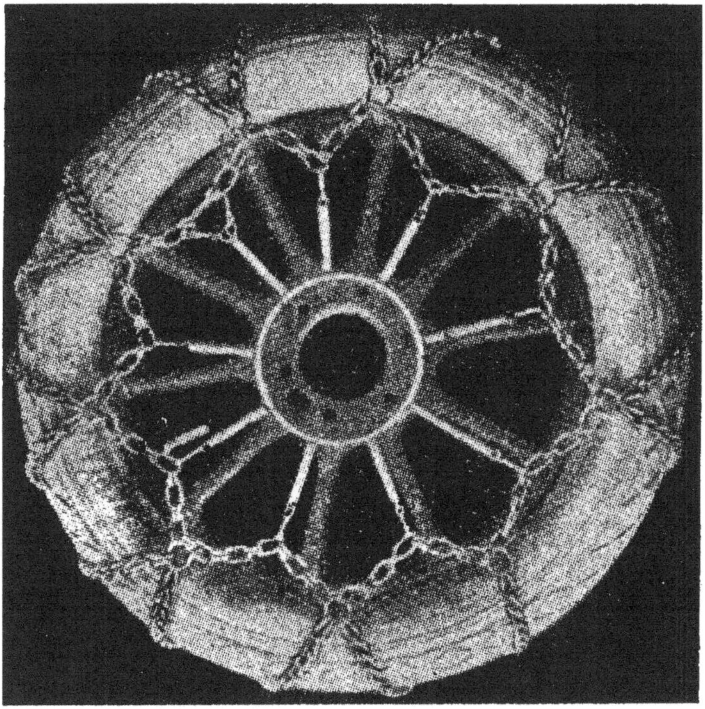

Abb. 19. Schneekettenspannkreuz.

e) Reifenschutzmittel.

Die Geschichte der Hilfsmittel, die das Entweichen von Luft aus dem Reifen verhindern sollen, ist eben so alt wie der Luftreifen selbst. Bereits vor 1900, als das Fahrrad auf dem Gipfel der Popularität angelangt war, bestanden Patente über Methoden, den Reifen stets dicht zu halten. Auch heute noch scheint es das Ziel vieler Erfinder zu sein, einen „lochsicheren“ Reifen zu erfinden. Das Wort „lochsicher“ ist hier nicht richtig gewählt; es müßte „lochdichtend“ heißen, da ja die Entstehung von Löchern nicht verhindert werden kann. Um diesen Zweck zu erfüllen, kann man 6 verschiedene Methoden unterscheiden:

1. Füllung des Mantels mit einer Masse an Stelle eines Luftschlauches. Dadurch entsteht zwar ein richtiger lochsicherer Reifen, man entfernt sich jedoch vom Luftreifenprinzip. Der Reifen wird dadurch gleichwertig einem Voll- oder hochelastischen Reifen.

2. Anwendung eines Schlauches, der unter Druck steht. Dieses Prinzip beruht darauf, daß man den Schlauch von außen mit Rillen oder Falten versieht, die sich ausbreiten, wenn der Reifen aufgepumpt ist, und so den Gummi zusammenpressen. Erhält der Schlauch ein Loch, so pressen sich die Gummifalten zusammen und verschließen das Loch. Notwendig ist jedoch hier, daß der Schlauch sehr dick ist, wodurch das Gewicht vermehrt wird und höhere Anschaffungskosten entstehen.

3. Einformen von Stoffen (gewöhnlich Metall) in die Lauffläche des Mantels, um das Eindringen eines Gegenstandes, z. B. Nagels, zu verhindern. Vor mehreren Jahren sind in Amerika derartige Reifen hergestellt worden. Der allgemeinen Auffassung nach neigen jedoch diese Reifen, wenn sie nicht stets gut aufgepumpt gehalten werden, mehr zu Lagentrennung als ein normaler Reifen.

4. Elastische Stoffe, die zwischen Schlauch und Mantel eingebracht werden und eingedrungene Nägel ablenken sollen, so daß der Schlauch nicht beschädigt wird.

5. Verwendung von plastischem Material, das in die Schlauchwandungen eingelegt wird. Im Falle eines

Loches soll dieses leicht fließen und einen Abschluß bewerkstelligen.

6. Verwendung von Gemischen aus flüssigen und festen Stoffen, die durch das Schlauchventil eines normalen Schlauches eingebracht werden. Solche Mischungen haben wegen ihrer einfachen Zusammensetzung und der Leichtigkeit, mit der sie bei normaler Reifenausrüstung angewandt werden können, bisher den größten Erfolg gehabt.

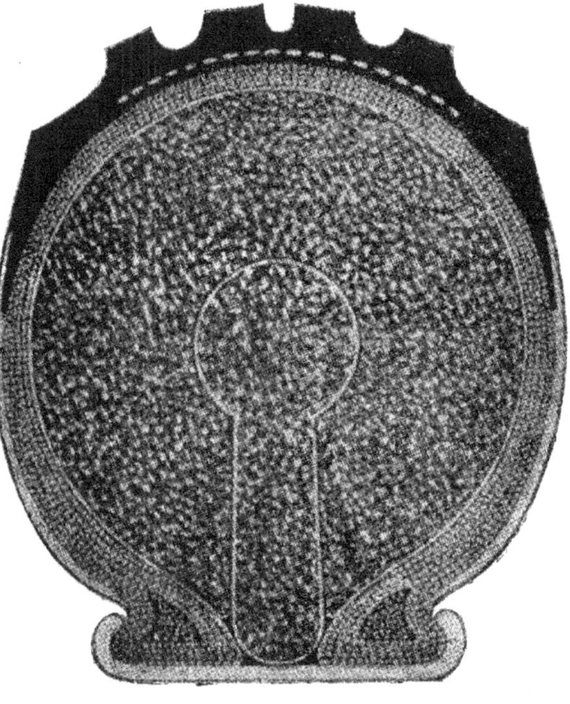

Abb. 20. Reifen mit Schaumgummifüllung und keilförmiger Einlage zur Einstellung der Elastizität.

Zu den einzelnen Verfahren seien einige Beispiele gegeben.

Zu 1:

Es werden Reifen vorgeschlagen, die mit Korkstückchen gefüllt sind. Neuerdings empfiehlt man Reifen mit Schaumgummieinlage. Abb. 20 zeigt einen Reifen mit Kautschukschaum, dessen Schutzrechte im Jahre 1925 von der B. F. Goodrich Co. in Akron übernommen wurden. Das Besondere dieses Reifens ist ein in der Mitte sichtbarer Keil aus Schaumgummi, der zur Einstellung des richtigen Druckes dient.

Zu 2:

Hierzu gehören Schläuche, die auf der Oberseite (nach der Lauffläche zu) eine Verstärkung aus Gummi oder eine besondere Leinwandeinlage besitzen. Bekannt ist der von Peters Union hergestellte Brown-Schlauch. Abb. 21 zeigt eine amerikanische Ausführung.

Zu 3:

Besondere Reifeneinlagen, die in den Reifenmantel eingeformt werden, sind heute nicht mehr auf dem Markt. Dagegen wendet man auch heute noch das Mittel an, durch verstärkte Laufflächen einen größeren Reifenschutz zu erhalten.

Zu 4:

Bekannt geworden sind sogenannte Gummi Nagelschutzplatten, die aus Weichgummi bestehen und bei denen ein entstehendes Loch sich sofort wieder schließt. Auch werden Kugelfüllungen u. dgl. vorgeschlagen. Auf dem deutschen Markt ist neuerdings eine Einlage, bestehend aus 9 Lagen eines besonders präparierten Baumwollgewebes, erschienen, das die Eigenschaft besitzen soll, selbst starke Nägel, die während der Fahrt eindringen, umzubiegen und unschädlich zu machen (Abb. 22 auf S. 36).

Zu 5:

Es sind Schläuche bekannt geworden, bei denen zwischen zwei vulkanisierten Gummischichten eine weiche unvulkanisierte Gummiplatte zwischengelegt wird; diese verkittet dann ein entstehendes Loch.

Zu 6:

Mittel, die in die Schläuche eingebracht werden, haben recht häufig Anwendung gefunden. Trotz einer Unzahl von Patenten, die auf diesem Gebiet bestehen, setzen sie sich im allgemeinen aus folgenden 5 verschiedenen Werkstoffen zusammen:

1. fein verteilte Fasern,
2. Wasser,
3. ein Material, das die Fasern in Lösung hält,
4. ein Material zur Erniedrigung des Gefrierpunktes der Lösung,
5. Schutzmittel.

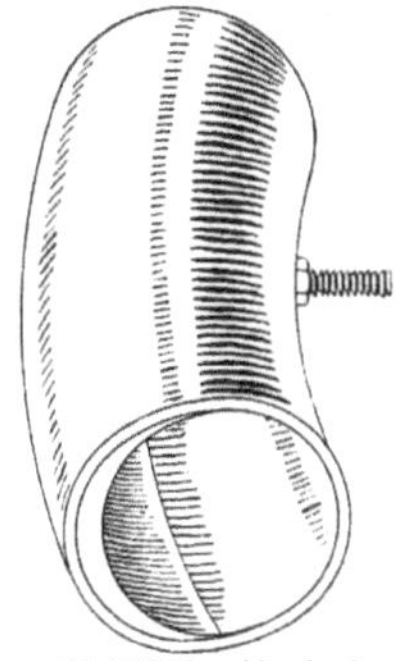

Abb. 21. Reifenschlauch mit Verstärkungseinlage. (Siehe S. 34.)

Je nach der Zusammensetzung ist das eine oder andere Mittel mehr für den vorliegenden Zweck geeignet. Entsteht ein Loch im Reifen, so setzt sich infolge der Fliehkraft und der ausströmenden Luft ein kleiner Stopfen aus dem faserigen Material in das Loch und dichtet es so ab. Es wird behauptet, daß verschiedene dieser Mischungen, sobald sie mit der Luft in Berührung kommen, härten oder sich gar mit dem Gummi verbinden. Dies ist jedoch nach der Zusammensetzung kaum zu erwarten. Gut verschlossen können nur kreisrunde Löcher werden; Risse oder Schnitte sind schwierig oder überhaupt nicht zu verschließen. Es besteht die Gefahr, daß sich während des Laufes des Reifens die Stopfen leicht lösen können.

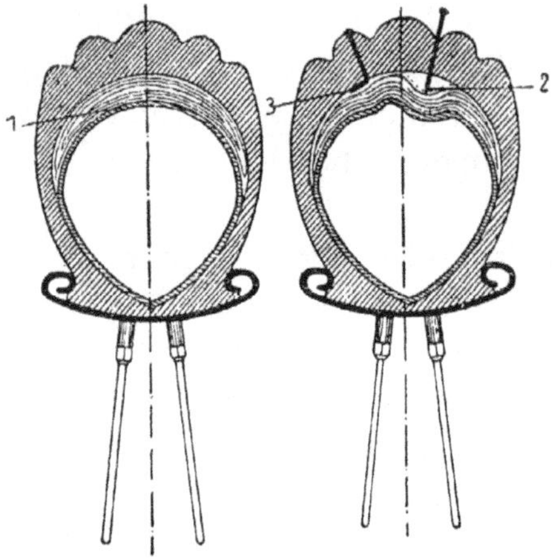

Abb.22. Reifenschutzmittel „Elfie".
1. Ruhelage des Schutzes. 2. Wirkungsweise bei Eindringen eines Fremdkörpers (Nagel). 3. Der Fremdkörper ist abgelenkt, die Gefahr für den Schlauch beseitigt. (Siehe S. 33 u. 35.)

f) Reifenbetriebs und Versuchsergebnisse.

Im folgenden seien einige kurze Bemerkungen über Betriebserfahrungen und Versuchsergebnisse mit Reifen gegeben.

Lebensdauer:

Als durchschnittliche Werte, die heute immer mehr und mehr gesteigert werden, können Wegstreckenleistungen von 20 bis 25000 km angesehen werden. Die durchschnittliche Lebensdauer eines Reifens ist jedoch ein sehr unbestimmter Begriff. Was ein Reifen leistet, hängt von sehr viel Umständen ab, wie Belastung des Fahrzeugs,

Fahrkunst des Führers, Beschaffenheit der Straßen usw. (vgl. auch Seite 125), so daß keine allgemeine Regel aufgestellt werden kann. Nach statistischen Unterlagen kann man in Deutschland durchschnittlich mit 2 Reifen jährlich an einem vierrädrigen Fahrzeug rechnen. Da in letzter Zeit die Neugummierungstechnik erheblich verbessert wurde, kann sich bei noch gut erhaltenem Gewebeunterbau eine Neugummierung lohnen, deren Kosten etwa die halben Anschaffungskosten eines neuen Reifens ausmachen. Die Laufzeit beträgt noch 12 bis 20000 km.

Bei Elektrofahrzeugen beobachtet man wegen der ruhigeren Arbeitsweise des Elektromotors doppelte Lebensdauer.

Wissenschaftliche Untersuchungen.

Man hat bereits frühzeitig erkannt, daß zur Entwicklung der Bereifung und zum Nachweis ihrer Brauchbarkeit wissenschaftliche Versuche am geeignetsten sind. Diese erstrecken sich heute auf

a. Kraftverluste der Bereifung,

b. Stoßwirkung bzw. Stoßdämpfung der Reifen,

c. Abnutzung der Lauffläche,

d. Widerstandsfähigkeit des Reifengewebes.

e. Kraftverluste der Bereifung.

Diese lassen sich auf einem Prüfstande, oder, wie es neuerdings von Essers durchgeführt wurde, mittels Auslaufversuche auf der Straße ermitteln. Als Maßstab für den Kraftverlust wird der spezifische Reifenvollstand in kg je 1000 kg Wagengewicht berechnet. Der Reifenrollwiderstand macht einen beträchtlichen Teil der Gesamtfahrverluste (meist über 50%) aus, da nur noch der Triebwerkswiderstand und der Luftwiderstand, der allerdings bei Geschwindigkeiten über 60 km/Std. einen erheblichen Anteil ausübt, zu berücksichtigen sind.

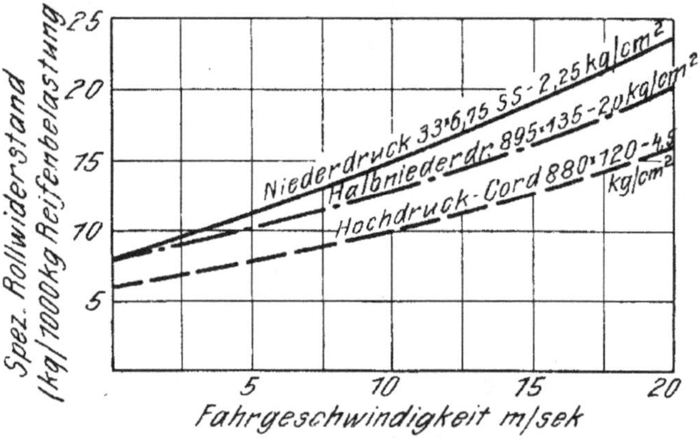

Abb. 23. Spezifischer Rollwiderstand (kg/1000 kg) verschiedener Bereifungen. Straße: gutes Großpflaster.

Der Reifenrollwiderstand (Abb. 23) nimmt erheblich mit steigender Geschwindigkeit zu und ist sehr von der Reifenart (Hochdruck, Halbniederdruck, Niederdruck) abhängig. Trotzdem verringert sich, wie Abb. 24 erkennen läßt, bei wachsender Fahrgeschwindigkeit der prozentuale Anteil des Reifenrollwiderstandes am Gesamtwiderstand, da der Luftwiderstand mit dem Quadrate der Fahrgeschwindigkeit zunimmt.

Nach Abb. 23 zeigen sich die Niederdruckreifen bezüglich des Rollwiderstandes ungünstiger, es findet ferner ein Verlust an Höchstgeschwindigkeit und Verringerung der Steigfähigkeit statt. Merkwürdigerweise ist ein Mehrverbrauch an Kraftstoff bei den Versuchen nur in geringem

Maße zu beobachten.

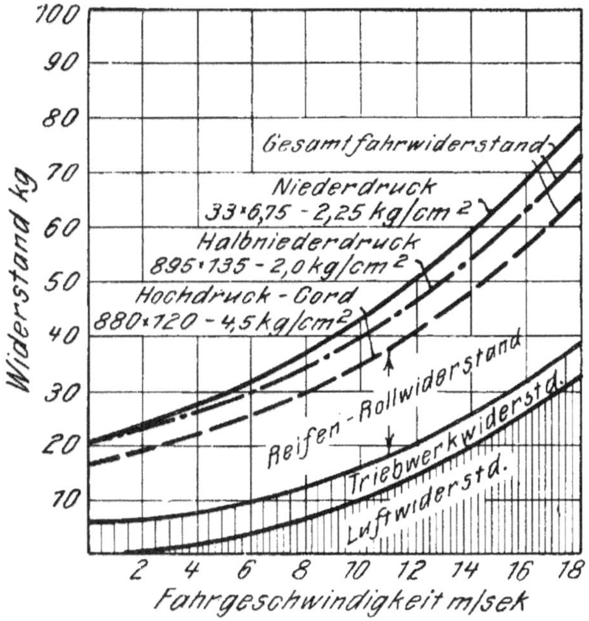

Abb. 24. Vergleich zwischen Hochdruck-, Mitteldruck- und Niederdruckreifen. Achsdrucke normal: vorn 770 kg, hinten 1080 kg. Straße: gutes Großpflaster, Windstille.

b) Stoßwirkung bzw. Stoßdämpfung der Reifen.

In dieser Hinsicht werden an den heutigen Reifen besondere Anforderungen gestellt. Es sind in letzter Zeit (vgl. Literaturverzeichnis) eine große Anzahl Untersuchungen veröffentlicht worden. Auf Grund wissenschaftlicher Untersuchungen ließ sich die technische Überlegenheit des Luftreifens für Lastwagen über die Voll und Elastikreifen nachweisen.

Die Versuchsanordnung ist meist so, daß die Räder eines Versuchswagens über Trommeln mit verschiedenen Erhebungen laufen. Mittels eines Indikators werden die Schwingungen aufgezeichnet. Aus der vorher ermittelten Federungscharakteristik des Reifens (Eindrückung abhän-

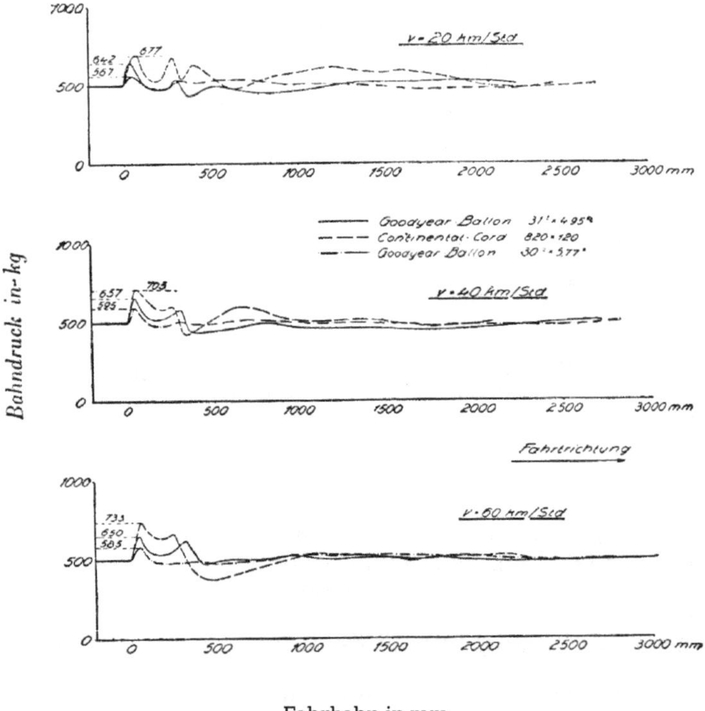

Fahrbahn in mm
Abb. 25.

gig von der Belastung) werden die Bahndrucke ermittelt. Abb. 25 zeigt die Bahndrucke von 3 Reifenarten bei Fahrt über das gleiche Hindernis bei verschiedenen Fahrgeschwindigkeiten.

c) Abnutzung der Lauffläche.

Wie interessante amerikanische Versuche gezeigt haben, ist die Abnutzung der Reifenlauffläche im hohen Maße von der Straßenbeschaffenheit abhängig. Auf gutem Makadam ist die Abnutzung der Laufflächen 17mal größer, auf schlechtem Makadam 56mal größer als auf Betonstraßen.

d) Lebensdauer des Gewebes und Gewebeunterbaues.

Für die Entwicklung und Weiterbildung des Reifens sind hierüber, hauptsächlich in Amerika, Versuche angestellt worden. Es sind zum Zwecke der Prüfung des Gewebes und auch ganzer Reifen Prüfmaschinen gebaut worden, die heute be-reits weit entwickelt sind und z. B. von der amerikanischen Regierung beim Einkauf ihrer Reifen angewendet werden. Innerhalb weniger Tage läßt sich ein unparteiisches Urteil über die Haltbarkeit eines Reifens gewinnen.

III. Felgen für Personenwagen.

a) Die Reifenbefestigung.

Kurz nach der Ausführung der ersten Luftreifen durch Dunlop im Jahre 1888 wurden die beiden heute noch maßgebenden Befestigungsarten der Reifenfüße erfunden.

1. Die Wulstbefestigung von W. E. Bartlett (Patent vom 24. Juli 1890), Abb. 26 auf S. 42.
2. Die Drahtseilbefestigung von C. K. Welch (Patent vom Sept. 1890), Abb. 27.

Da von Dunlop in den ersten Jahren das zweite Patent übernommen wurde, sind in den Anfängen des Radsports bereits die Drahtreifen sehr bekannt. In den folgenden Jahren wurde die Drahtseilbefestigung besonders beim Kraftwagen durch die Wulstbefestigung immer mehr und mehr verdrängt. Was ist das Prinzip dieser beiden Befestigungen?

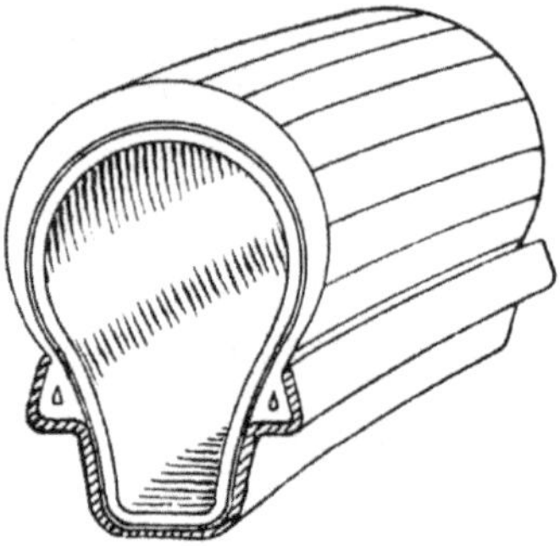
Abb. 26. Wulstreifen nach Bartlett 1892.

Bei der Wulstbefestigung (Abb. 28a) besitzen die Reifenfüße außen eine Verstärkung (Verdickung durch Umlegung der Leinwandeinlagen und dehnbare Seileinlagen). Die entsprechende Felge besteht im Profil aus einem umgebördelten Blech, in dessen Höhlung die Füße eingreifen. Beim Montieren geht man so vor, daß man eine Seite des Reifens in die eine Seite der Felgenhöhlung einlegt, mittels eines Flachstahles wird dann die andere Seite über den Felgenrand gehoben und schnappt ein (Abb. 29). Die Wulstbefestigung war von den Anfängen des Kraftwagens bis etwa 1924 die einzige Felgenbefestigung, die in Deutschland angewendet wurde. Es zeigten sich jedoch verschiedene Nachteile bei dieser Felge, besonders gegenüber der in Amerika und England weiterentwi-

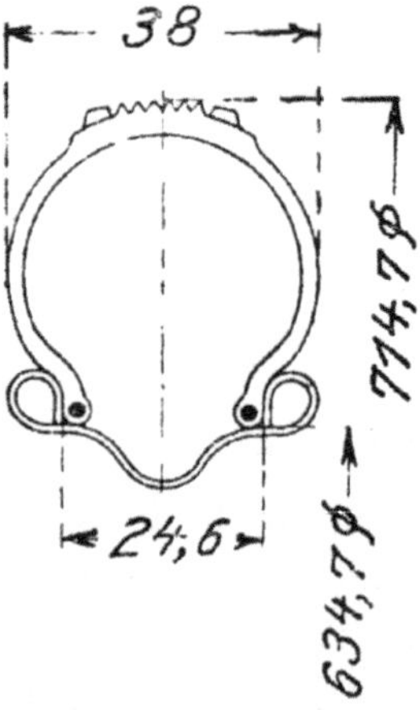

Abb. 27. Drahtreifen für Fahrräder (etwa 1890).

ckelten Drahtseilbefestigung (vgl. oben 2). Diese Drahtseilbefestigung hatte sich zu zwei Sonderarten entwickelt. Die erste Art der sog. Tiefbettfelge (Abb. 27) war völlig verdrängt worden von der zweiten Art , der sog. Flachbettfelge (Abb. 28b).

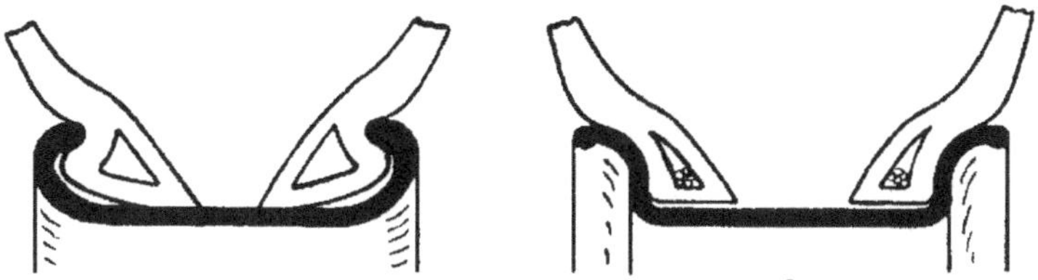

a b

Abb. 28. a) Wulstfelge. b) Straight-Side (SS) Felge. Stahlseil-Felge. Geradseit Felge.

Der Reifen besitzt bei dieser Ausführung keinen Wulst, sondern er erhält eine starre, unausdehnbare Drahtseileinlage und weist nach außen hin eine glatte Seitenwand (Geradseit) auf. Für das Montieren der leichten und kleinen Fahrradreifen benutzte Welch folgendes Prinzip (Abb. 27): er stattete die Felge mit einer ringsum laufenden Vertiefung in der Mitte aus; in diese Vertiefung wurde eine Seite der Reifenfüße gelegt, und so gelingt es trotz des unausdehnbaren Ringes, die andere Seite über den Felgenrand zu schieben und in die richtige Lage zu bringen. (Das Prinzip der modernen Tiefbettfelge, die weiter unten näher auf Seite 50 u.f. beschrieben wird.) Im Laufe der Zeit erwies sich, in Verbin-

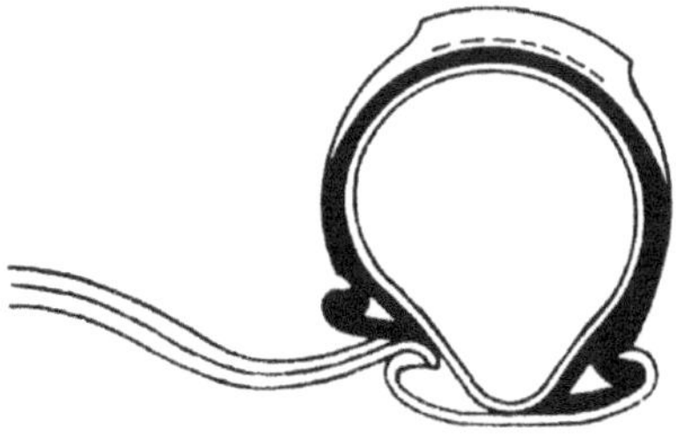

Abb. 29. Montage eines Wulstreifens

dung mit dem schweren und starren Kraftwagenreifen, diese Befestigung als etwas zu umständlich, und man schritt dazu, die Felge ohne Vertiefung auszuführen, sie jedoch zu teilen. So entstand die geteilte Flachbettfelge, für deren Ausführung eine Reihe Konstruktionen herausgebracht wurde. Die bekannteste Ausführung ist die längsgeteilte Flachbettfelge. Hier besitzt die eine Felgenseite einen abnehmbaren Verschlußring, der nach dem Montieren des Reifens aufgebracht wird (vgl. Seite 47). In Amerika hat sich diese Konstruktion seit langem eingeführt, daneben wird noch häufig eine am Umfang geteilte, d. h. quergeteilte Felge als abnehmbare Felge angewandt, vgl. Seite 49.

Abb. 30. Felgenkonstruktionen.

Obwohl über 40 Jahre seit der Erfindung der grundlegenden Felgenformen und Reifenbefestigungen verstrichen sind und Hunderte von Erfindungen in der Zwischenzeit auf diesem Gebiete gemacht sind, kann man sämtliche in der Praxis angewendeten Felgen auf die oben geschilderten 4 Grundformen bringen. Nebenstehende Übersicht, Abb. 30, zeigt die Abhängigkeit der Reifenbefestigung von der Felgenausführung. In folgenden Abschnitten sei kritisch auf die einzelnen Felgenformen eingegangen.

b) Die Wulstfelge.

Die Wulstfelge hat lediglich in ihrer einteiligen Bauart (Abb. 28 a) allgemeine Anwendung gefunden. Es haben sich folgende normale Profile und Felgen eingeführt (vgl. Tafel 5, S. 46).

Als Nachteile beobachtete man ein häufiges Einschneiden der Felgenränder in die Reifenseitenwand, was meist durch verbeulte oder zu scharfe Felgenränder verursacht wurde. Nach längerem Gebrauch war ein Abnehmen des Reifens stets sehr schwierig, da die Felgen festrosteten. Bei sehr schnellem Fahren (Rennen) mehrten sich in letzter Zeit die Fälle, wo sich durch die Beanspruchung der Reifenfuß dehnte und die Reifen während der Fahrt absprangen. Als Abhilfe wurden früher Flügelschrauben empfohlen, d. h. Schrauben, die von der Seite in die Felge eingesetzt wurden und die Reifenwülste festklemmen sollten. Da hierdurch ebenfalls Beschädigungen der Reifenfüße eintraten, lehnen die Reifenfabriken seit mehreren Jahren diese Reifensicherung ab. Der von 1924 an aufkommende Niederdruckreifen zeigte neue Nachteile der Wulstfelge auf. Der Reifensitz wurde durch die hier bedeutend schwächeren Seitenwände unsicherer, auch drückte der Reifeninnendruck nicht mehr genügend gegen die Reifenfüße und hielt die Wulste fest in der Felgenhöhlung.

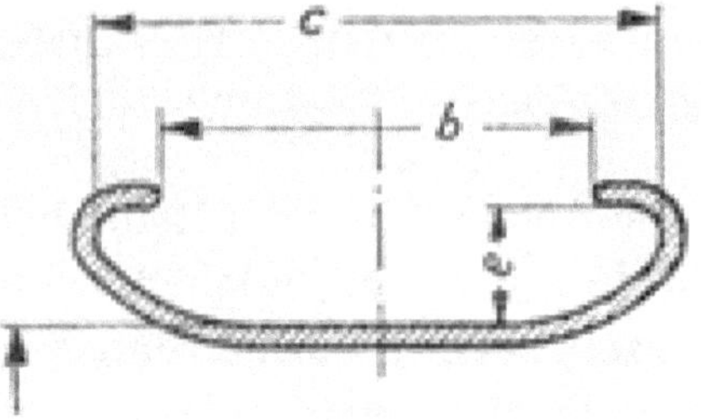

Tafel 5.

Wulstfelgenprofile

Hauptmaße — Maße in mm

Profil	Maulweite b	Höhlungstiefe e	Höhlungsweite c	für Hochdruckreifen Bezeichnung		für Hochdruckreifen d	für Niederdruckreifen Bezeichnung	für Niederdruckreifen d
90	51,5	13	68	710 X 90	710 X 100	514,1	—	—
				760 X 100	765 X 105	560,2		
105	62,5	16,8	81,5	815 X 105	815 X120	614,3	715 X 115 730 X 130	451
120	68,5	18,5	91,5	820 X 120	820 X 135	567,5	775 X 145	484
				880 X 120	880 X 135	630,3		
				895 X 135	895 X 150	590,4	860 X 160	508
135	78,5	16,5	100,5	935 X 135	935 X 150	638,2		
				1035 X 135	1035 X 150	735,9		

Man ging deshalb in den nächsten Jahren mehr und mehr zur Geradseitfelge über.

c) Geradseitfelgen.

c 1 u. 2. Flachbettfelgen.

Das Ausland, besonders Amerika, hatte sich schon seit langem mit dem Geradseitreifen-(Straight-Side)= SS = Stahlseilreifen befaßt und verwendete hierzu die Flachbettfelge (flat base rim). Dieser entwickelte sich zu 2 Standardausführungen:

c 1) die längsgeteilten Flachbettfelgen (Abb. 28b u.31).

c 2) die quergeteilten Flachbettfelgen (Abb. 32, 33 und 34).

c l) Die längsgeteilten Flachbettfelgen (Abb. 31):

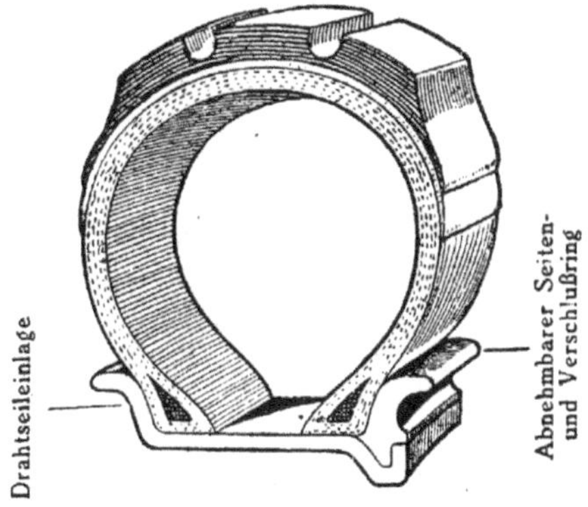

Abb. 31. Geradseitreifen und Geradseitfelge für Personenwagen. Felgenverschluß durch offenen, federnden Verschlußring (Einlegen des Reifens axial).

Während die Felge an einer Seite ein angewalztes Horn besitzt, an das der Reifenfuß zur Anlage kommt, ist auf der anderen Seite eine ringsumlaufende dreieckige Nut angebracht, in die ein geteilter Ring, der unten das entsprechende Gegenprofil aufweist und oben das Flankenprofil besitzt, eingreift. Die Montage geht so vor sich, daß bei abgenommenem Seitenring der Reifen mit Schlauch axial, d. h. in Richtung der Achse, eingeschoben wird.

Für die Profile der Geradseitfelgen: Flachbett, längs und quergeteilt, und Tiefbett haben sich international folgende Maße eingeführt (Tafel 6 auf S. 48).

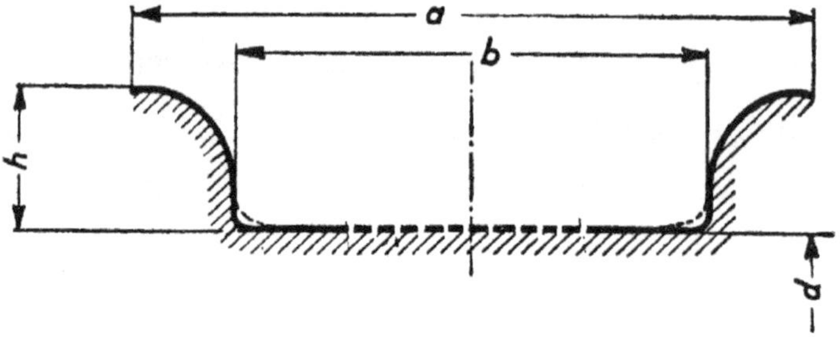

Tafel 6.

Geradseitfelgenprofile

Profil	a	Maulweite b	Höhe h	für Flachbettfelge Bezeichnung	≈d	für Tiefbettfelge Bezeichnung	≈d
3½	87	59	17,5	26X3½/19	483[1])	–	–
4	99	68	20	–	–	4 X 18	459
4½	111	79	22	29X4½/20	508	4½ X 20	510
5	127	95	22	30 X 5/20	508	5 X 20	510
				31 X 5/21	533[1])		

Die Montage durch Einschieben des Reifens in axialer Richtung ist sicher das beste und sicherste Prinzip für den schweren Reifen, besonders die Reifen für Lastkraftwagen.

Die Nachteile dieser Konstruktion, die sich 1925-27 sehr gut an deutschen Personenwagen eingeführt hatte, sind einmal die geteilte Ausführung, die ein Mehrgewicht gegenüber einteiligen Felgen (Wulstfelgen und Tiefbettfelgen) bringt; zum andern liegt die Gefahr eines Festrostens ~~des Ringes vor.~~ Eine besonders schwache Stelle ist die Stoß-

1 Diese Felgen sind nicht mehr genormt!

stelle des federnden Ringes, da hier Wasser und Schmutz bis an den Schlauch dringen können.

c2. Die quergeteilten Flachbettfelgen.

Diese Felgenkonstruktion bildet zugleich den Übergang zur abnehmbaren Felge, denn nur als abnehmbare Felge ist diese Konstruktion praktisch brauchbar. Die Felge besitzt im Querschnitt (Abb. 32) das genaue Umrißprofil der Geradseitfelge. Der Reifen wäre so nicht zu montieren. Die Felge ist jedoch quer durchschnitten und besitzt am Umfang ein

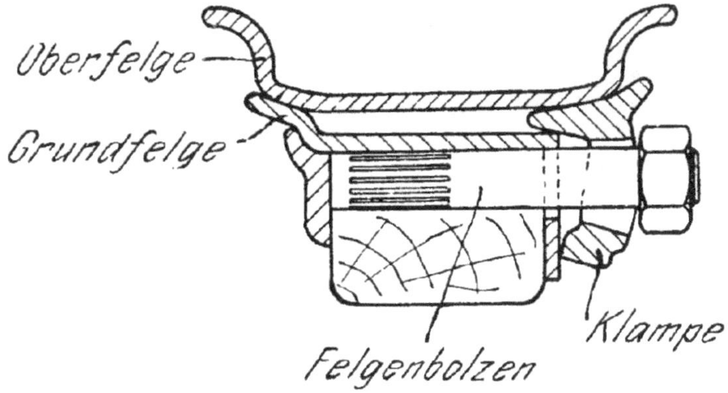

Abb. 32. Quergeteilte Felge (Oberfelge).

oder mehrere Gelenke (Scharniere), oder ist durch Anwendung dünnen Bleches elastisch genug, um aus der Umfangsfläche herauszuschwingen. Es sind eine Reihe Verschlüsse üblich, die teilweise gleichzeitig zur Sicherung der Lage an der Grundfelge als Mitnehmer (Abb. 33) dienen. Beim Montieren wird die Felge sozusagen im Reifen aufgeklappt, häufig unter Anwendung besonderer Werkzeuge, wie Abb. 34 zeigt. Die Befestigung der Felge auf der Grundfelge erfolgt nach den weiter unten, Seite 65 zu besprechenden Konstruktionen über abnehmbare Felgen.

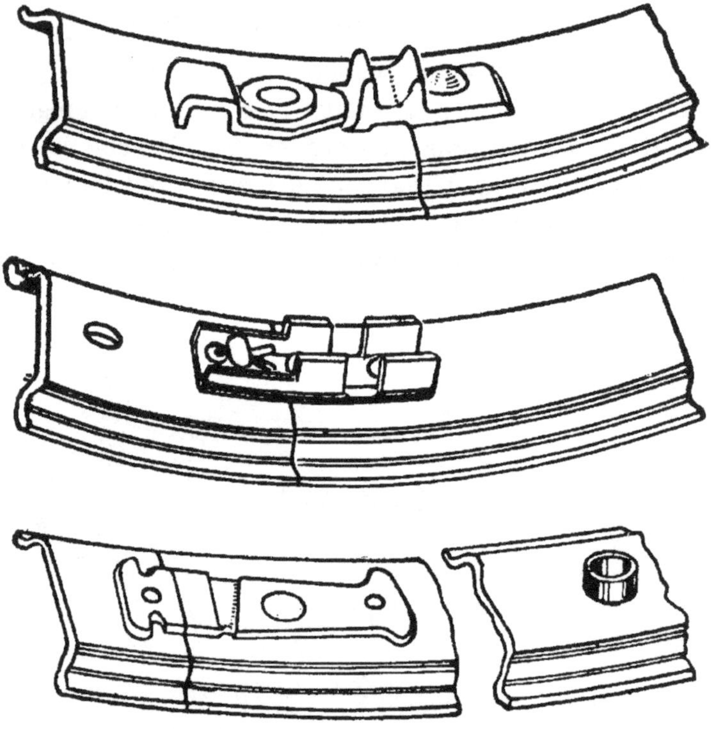

Abb. 33. Verschlüsse für quergeteilte Felgen.

c3. Die Tiefbettfelgen

Diese Felge ist heute zur Normalfelge für die Personenwagen geworden, weshalb diese Felgenart genauer beschrieben werden soll. Wichtig für die Entwicklung der Reifenbefestigung ist, daß man sich mit der Tiefbettfelge wieder zu einer einteiligen Felge zurückgefunden hat.

Das Prinzip der Tiefbettfelge ist bereits oben bei Schilderung des Dunlop-Welch Reifens, Abb. 27, erläutert. Abb. 35 zeigt eine heutige Tiefbettfelgenkonstruktion mit Reifen.

Abb. 34. Einlegen einer quergeteilten Felge mittels einer Hilfsvorrichtung.

Wie wird der Reifen montiert? Die Montage ist durch Zeichnung und Schema, Abb. 36, genau erläutert. Das linke Bild zeigt, daß die links liegenden Reifenfüße sowohl oben als auch unten bereits in richtiger Lage sind. Der rechte

Reifenfuß b ist in das Tiefbett d gesenkt. Obwohl die Entfernung a—b (gestrichelte Linie) durch die als Kreis gekennzeichnete Drahtseileinlage unveränderlich ist, ist es möglich, den Reifenfuß a über das Felgenhorn zu bewegen. Nunmehr ist es möglich, den Fuß b auf den Felgendurchmesser c und den Fuß a an die entsprechende Stelle zu bringen. Man erkennt hieraus, daß die Vertiefung der Felge etwa der Hornhöhe entsprechen muß. Der Reifen ist montiert; man braucht hierzu keine besonderen Hilfswerkzeuge, sondern die Montage kann bis zu den mittleren Reifen von Hand ausgeführt werden. Gegenüber der Wulstfelge und

Abb. 35. Tiefbettreifen und -felge am Fordwagen (Modell 1928).

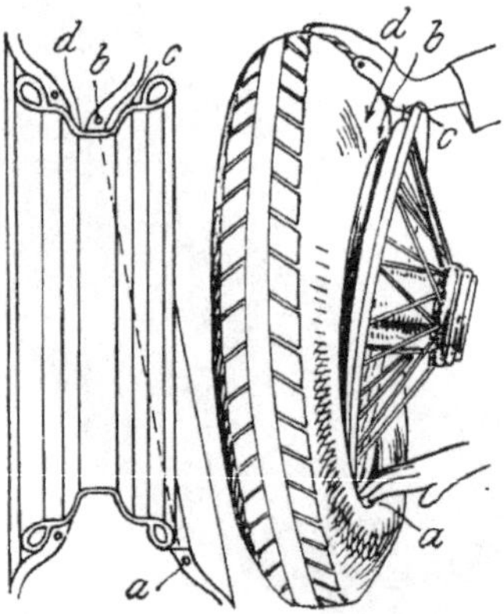

Abb. 36. Montage eines Stahlseilreifens auf Tiefbettfelge.
a und b Stahlseileinlage; c Felgenboden; d Felgenbodenvertiefung (Tiefbett).

auch der Geradseitfelge mit abnehmbarem Seitenring ergeben sich hier also erhebliche Vorteile.

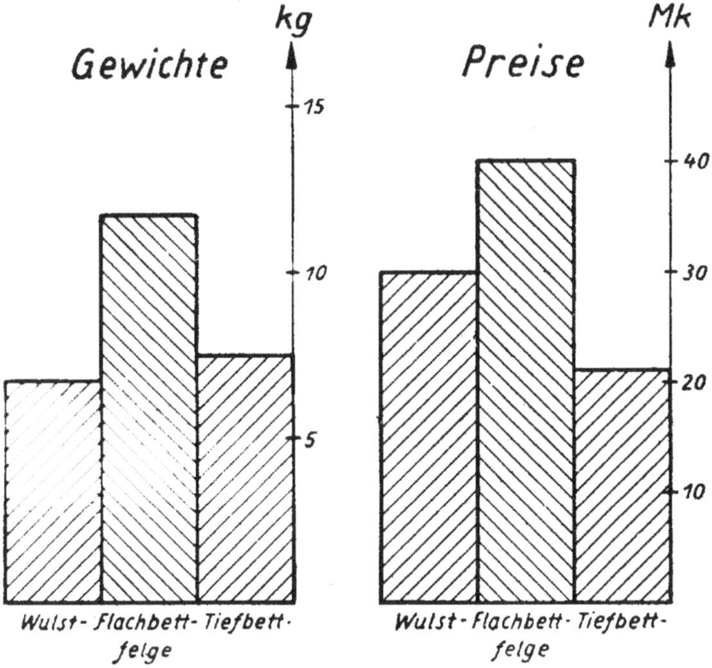

Abb. 37. Vergleich von 3 verschiedenen Felgenarten auf einem Stahlspeichenrad.

Hinsichtlich der Gewichte und des Preises besitzt die Tiefbettfelge, wie Abb. 37 zeigt, ebenfalls ganz erhebliche Vorteile. Der Preis für das Rad (es ist der Darstellung ein Speichenrad zugrunde gelegt) ist bei der Tiefbettfelge deswegen billiger, weil ein besonderer Radkranz fortfallen kann und die Felge bereits selber genügend Steifigkeit besitzt. Wir kennen für die Tiefbettfelge 2 besondere Formen für das Horn: einmal ein umgewalztes Horn, Abb.

38a) das andere Mal nur ein angebogenes, wie bei den Flachbettfelgen (Abb. 38b). Die erste Form wird in Deutschland genormt, vgl. Tabelle 5 über Tiefbettfelgen. Der Ventilsitz liegt schräg. Das Tiefbett ist im allgemeinen trapezförmig ausgebildet. Bei den Krafträdern ist es meist rund und entsprechend der Schlauchform ausgebildet (Abb. 39). In England werden Versuche mit runden Tiefbettformen auch für Personenwagen angestellt. Der Schlauch füllt durch das Tiefbett einen größeren Raum aus,

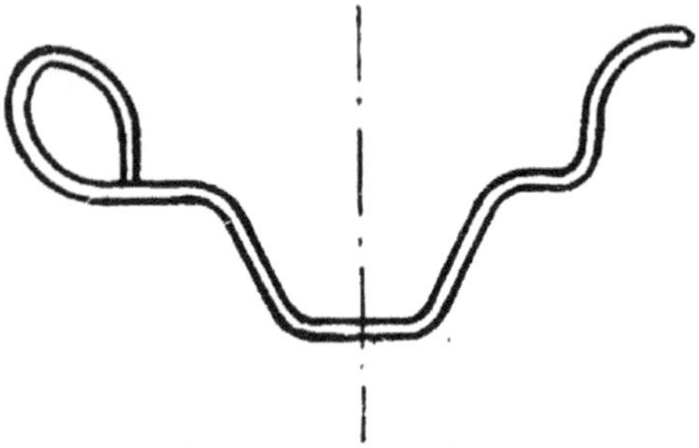

a engl. Form. b amerikan. Form.

Abb. 38. Tiefbettfelgen-Ausführungen.

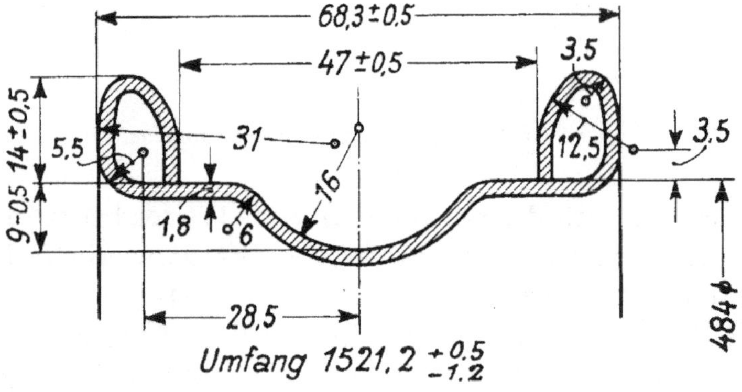

Abb. 39. Tiefbettfelge für Krafträder.

wodurch das Luftvolumen günstig vergrößert wird (Abb. 35). Er ist jedoch bei der Tiefbettfelge einer gewissen

Gefahr unterworfen. Gefährlich sind die Stellen am Übergang (Abb. 40), die Reifen erhalten deshalb neuerdings dreieckige Ansätze an den Füßen (Abb. 40b), damit der Schlauch nicht bei der Montage geklemmt wird. Immerhin ist diese Gefahr beim Luftleerwerden des Schlauches während der Fahrt nicht ganz zu vermeiden. Abb. 41 zeigt verschiedene Möglichkeiten, wie der Schlauch

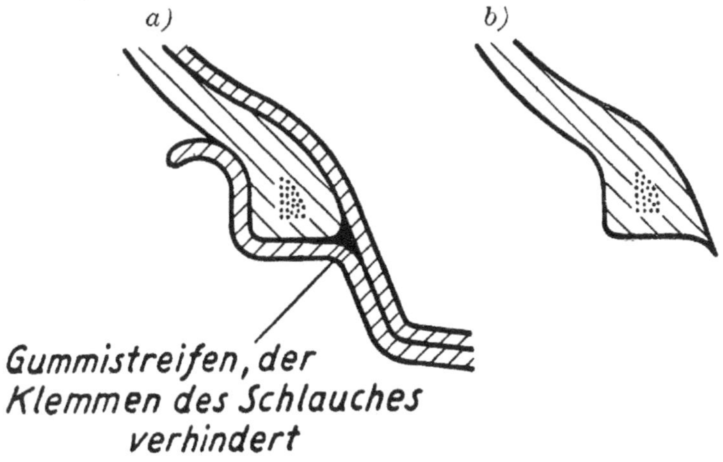

Abb. 40. a) Bisherige Ausführung des Reifens für Tiefbettfelgen mit eingelegtem Gummistreifen, b) Neue Ausführung mit Spitze.

geklemmt werden kann. Bei a wird der Schlauch durch einen Reifenfuß geklemmt; bei b durch zwei Reifenfüße, c zeigt das Einklemmen an drei verschiedenen Stellen.

Es ist zwar theoretisch möglich, einen Reifen für Flachbettfelgen für die Tiefbettfelge zu verwenden, es wird jedoch von den Reifenfabriken hiervor gewarnt, da die Breite der Reifenfüße als auch die Durchmesser etwas verschieden sind. Umgekehrt ist es allerdings möglich, einen

Reifen für Tiefbettfelge auf einer Flachbettfelge ohne Anstände zu fahren.

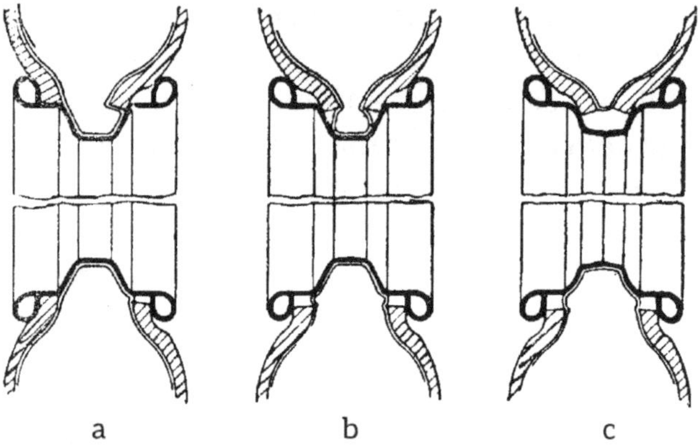

Abb. 41. Fehler bei Anwendung der Tiefbettfelge.

Eine besondere Sicherung des Tiefbettreifens wird bei Rennen angewandt, und zwar wird das Tiefbett durch einen

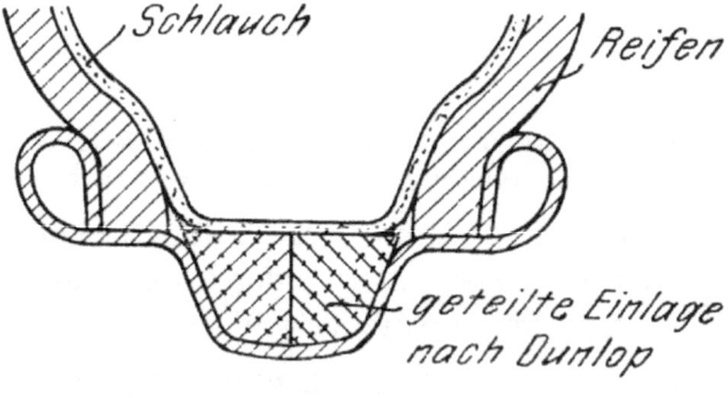

Abb. 42. Ausfüllung des Tiefbettes durch eine zweiteilige Einlage (nur bei Rennen üblich).

Streifen aus Gummi und Gewebe ausgefüllt(Abb. 42). Durch dieses Füllmittel kann der Reifen das Rad unter keinen

Umständen verlassen. Wegen der langen Zeit, die für eine derartige Montage notwendig ist, wendet man dieses Verfahren nur bei Rennwagen an. Die Montage geht so vor sich, daß nach dem üblichen Aufbringen des Reifens ein Fuß gegen den andern geschoben wird. Das Tiefbett bleibt so frei, und eine Einlage zweckmäßigerweise von der halben Tiefbettbreite kann eingelegt werden.

Der einzige amerikanische Wagen, der bisher die Tiefbettfelge übernommen hat, ist Ford. Bereits das Modell T (bis 1927) hatte eine Tiefbettfelge mit Drahtspeichenrad. Das neue Modell 1928 weist ebenfalls eine Tiefbettfelge auf (Abb. 35 auf Seite 52).

In Deutschland sind jetzt folgende 3 Felgen genormt (Tafel 7, S. 58).

c4. Die Halbflachfelgen.

Im Jahre 1927 ist zuerst von seiten der bisher nur Wulstreifen fabrizierenden französischen Firma Michelin eine neue Felgen- und Reifenkonstruktion auf den Markt gebracht worden, die eine Kombination zwischen Flachbett- und Tiefbettfelge darstellt. Es werden hier die Vorteile der Flachbettfelge, d. h. das auf keinen Fall mögliche Herausspringen des Reifens, mit den Vorteilen der Tiefbettfelge: einteilige Form, leichte Montage und Demontage, Billigkeit usw., verknüpft. Abb. 43 zeigt die Entwicklung dieser Felge. Eine Ausführung nach Abb. 43_1 ist nur dann möglich, wenn es sich um eine radial oder axial geteilte Felge handelt, vgl. Seite 47. Für eine einteilige Felge (wie sie Wulst- und Tiefbettfelgen sind) ist diese Konstruktion jedoch unmöglich, da der Reifenfuß mit Durchmesser B unausdehnbar ist und

Tafel 7.

Tiefbettfelgen für Niederdruckreifen für Personenkraftwagen (Kraftfahrbau).

Maße in mm.

Bezeichnung einer Tiefbettfelge mit 4 ½" Felgengröße und d = 20" Felgendurchmesser:

Tiefbettfelge 4½ x 20.

Bezeichnung	Felgendurchmesser d		Felgengröße	Umfang		Maulweite		Höhe				Tiefe	Rundung					Dicke 1)
Zoll	Zoll ≈	mm ≈	Zoll	Π · d	a	b	c	h	g	f	i	k	r_1	r_2	r_3	r_4	r_5	s
4 x 18	18	459	4	1441,3 ± 1,2	103,5	68 ± 1,5	17,75	20 ± 1	11	6,5	13	14,25 — 1	14,5	9	15	6,5	9,5	2,2
4½x20	20	510	4½	1601,0 ± 1,2	116	79 ±1,5	18,5	22 ±1	12	7,5	15,5	23 —1	16	10	15	6,5	9,5	2,4
5 x 20	20	510	5	1601,0 ± 1,2	213	95 ±1,5	18,5	22 ±1	12	7,5	15,5	23—1	16	10	15	6,5	9,5	2,4

Unrunde Felgen dürfen innerhalb der Umfangstoleranz zwischen kleinstem und größtem Durchmesser keinen größeren Unterschied als 1 mm aufweisen.

Ausführung: Verzinkt oder emailliert (bei Bestellung besonders anzugeben).

Werkstoff: Flußstahl.

1 Dicke s nicht verbindlich.

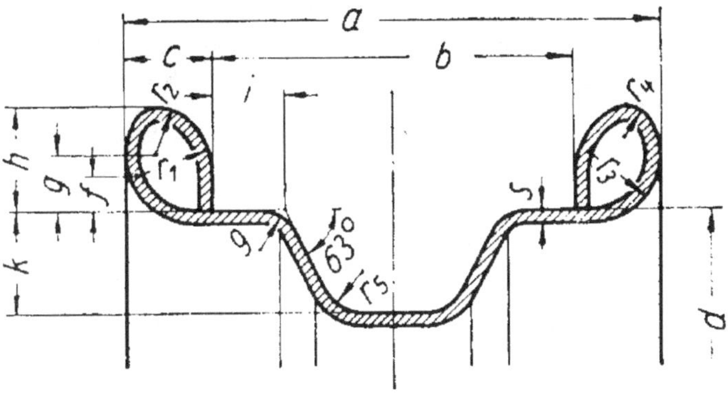

Ausbuchtung am Ventilloch der 4 X 18 Felge.

Ventilloch-Anordnung bei der 4½ X 20 und 5 X 20 Felge

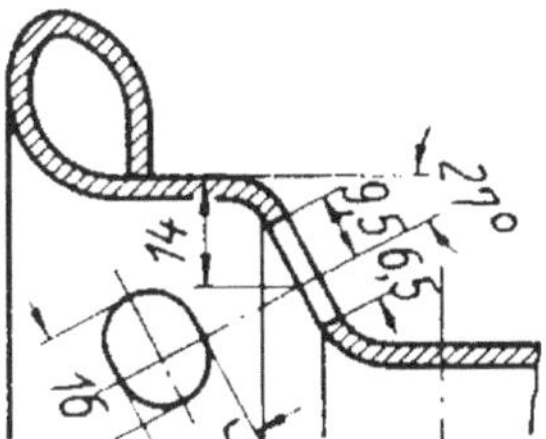

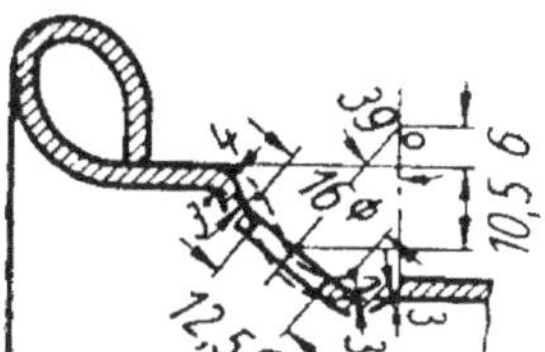

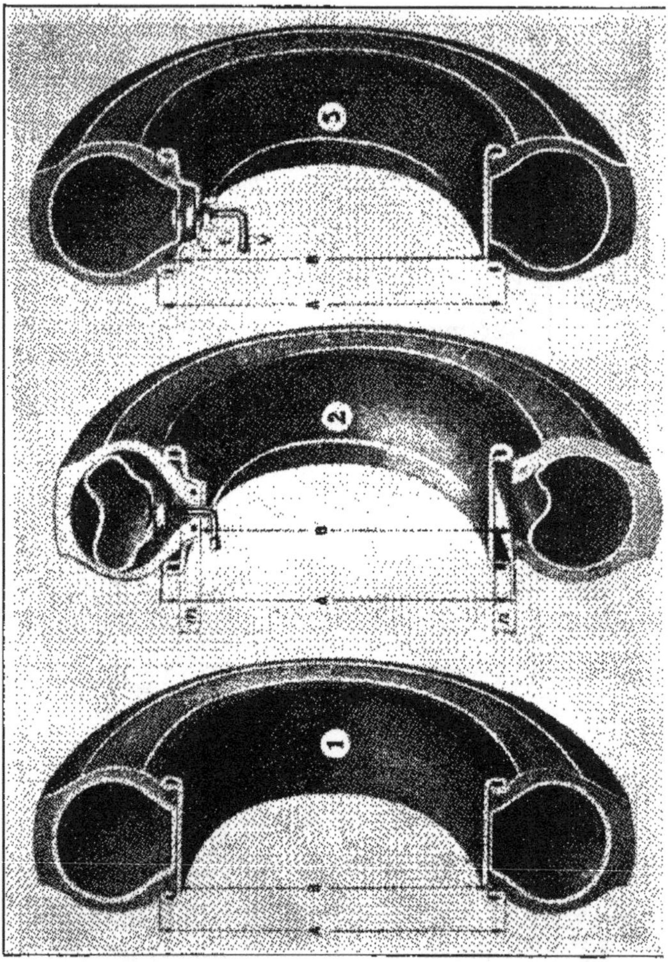

Abb. 43. Entwicklung der (Michelin)- Halbflachfelge.

nicht über den Felgenrand A herübergehoben werden kann. Es muß also ein Weg für das Einbringen und Herausnehmen des Reifens gefunden werden. Die neue Konstruktion übernimmt nun den Gedanken des Tiefbettes, in das ein Teil des Reifenfußes hineingesenkt wird, um dem entgegengesetzten Teil ein Überstreifen über das Felgenhorn zu gestatten. An dieser Stelle nun und auf einem erheblichen Teil des Umfanges verzichtet man jedoch nicht auf das in Abb. 43_1 angegebene Flachbettprofil. Wie die neue Felgenform in Wirklichkeit aussieht, zeigen Abb. 43_2und 43_3.

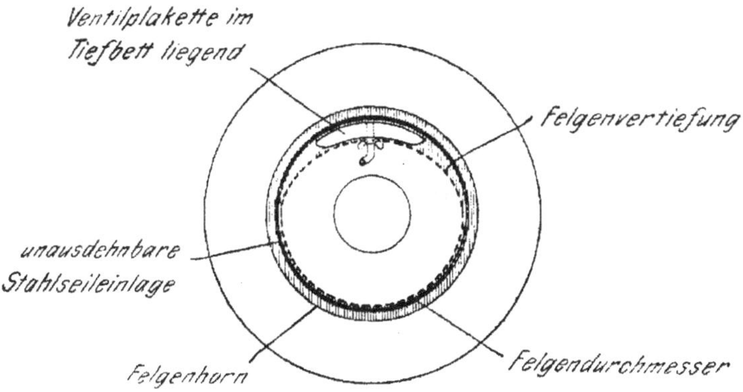

Abb. 44. Schema der Halbflachfelge (Längsschnitt).

Abb. 43_2 zeigt die oberen Reifenfüße im Tiefbett, und zwar befinden sie sich um den Betrag m unter dem Felgendurchmesser. Auf der anderen Seite sind die Reifenfüße um den Betrag n über den Reifendurchmesser gehoben; da die Wulste unausdehnbar sind, erkennt man, daß m = n und die Hornhöhe kleiner als n sein muß. Abb. 43_3 zeigt endlich den Reifen in der richtigen Lage. Abb. 44 zeigt einen Längsschnitt der Felge. Eine weitere besondere Neuerung dieser Konstruktion ist noch, daß das Schlauchventil in der Mitte des Tiefbettes sitzt und eine trapezförmige Vollgummiverstärkung besitzt. Mit dieser Verstärkung wird das Tiefbett bis zum Felgendurchmesser hin ausgefüllt, so daß der Reifen die Felge nicht verlassen kann. Es entsteht so eine Reifenbefestigung, wie sie Abb. 43_3 zeigt. Die Felge wird deshalb auch als Sicherheitsfelge bezeichnet. Der Innendurchmesser der Felge besitzt eine exzentrische Form, diese wird jedoch durch eine geschickte Scheibenradkonstruktion verdeckt. Auch das durch die exzentrische Form entstehende Übergewicht auf einer Seite wird ausbalanziert, ein Teil wird bereits durch das Ventil mit Plakette ausgeglichen.

Über die technische Seite dieser Felge sind die verschiedensten Meinungen und Äußerungen laut geworden. Es kann gesagt werden, daß die Halbflachfelge zwar eine sehr geistreiche Lösung des Felgenproblems darstellt, daß jedoch die bisherigen Erfahrungen mit der Tiefbettfelge sowohl in England als auch in Deutschland recht günstig sind. In Deutschland wurden zur Zeit der Einführung der Tiefbettfelge verschiedene Anstände bekannt, die aber nach kurzer Zeit wieder verschwunden sind. Die Halbflachfelge hat sich im letzten Jahre sehr gut in Frankreich eingeführt; die Fabrikation derartiger Reifen soll nach Pressenachrichten ebenfalls in Belgien, Italien, England, Tschechoslovakei, Österreich aufgenommen worden sein. Sogar eine amerikanische Reifenfabrik soll beabsichtigen, diese Reifen herzustellen. Der Einführung dieser Felgenkonstruktion stehen verschiedene Gründe hindernd im Wege. Einmal Patente bzw. Patentanmeldungen der herstellenden Firma, deren Gültigkeit noch nicht geklärt ist, und die maßgebende Firmen hindern können, diese Konstruktion anzuwenden; ferner ist von großer Wichtigkeit die Wahl abweichender Felgendurchmesser und Felgenprofile. Die Halbflachfelgen der Firma Michelin bauen auf einem Felgendurchmesser von 450 mm auf (Tafel 8), während man international die Felgendurchmesser nach Zollmaßen abstuft. So hätte es sich empfohlen, wenn hier der Felgendurchmesser 18" = 457,4 mm angenommen würde.

Tafel 8. Halbflachfelge (Michelin), Reifen und Felgen.

Reifengröße	Reifen		Höchstbelastung je Achse kg	Zugehörige Felge[2])
	Durchmesser mm	Breite mm		
25 X 3,00[1])	625	75	150	7 X 48
27 X 4,00[1])	680	100	220	10 X 48
11 X 45[2])	703	118	550	11/12 X 45
12 X 45[2])	726	125	700	
13 X 45[2])	743	136	800	13 X 45
14 X 45[2])	755	145	1000	14 X 45
14 X 50[2])	803	145	1000	14 X 50
15 X 50[2])	815	155	1200	15/16 X 50
16 X 50[2])	832	160	1400	
17 X 50[2])	850	180	1800	17 X 50

Allein diese kleine Differenz hindert bereits beim Drahtseilreifen einen Austausch. Das Felgenprofil der Halbflachfelge weist einen Unterschied gegenüber der normalen Felge auf, indem die Hornhöhe und damit das Tiefbett bedeutend niedriger ist. Die Firma gibt an, daß diese Maßnah~~me wegen der~~ geringeren Gefahr des Abspringens und der sicheren Lage des Reifens nötig sei. Gegen die Übernahme

1 Kraftradreifen (mit üblicher Zollbezeichnung).

2 Die Reifen- und Felgenbezeichnung lautet: ungefähre Reifenbreite X Felgendurchmesser in Zentimeter.

der Halbflachfelge haben sich die Normenausschüsse von Amerika, England und Deutschland ausgesprochen, so lange abweichende Felgenmasse angewendet werden. Die Verbände haben die Ablehnung nicht aus technischen Gründen getroffen, sondern nur wegen der verschiedenen Abmessungen, die zu einer bedeutenden Vergrößerung der Reifenformen führen. Sollte von Seiten der herstellenden Firmen auf die internationalen Felgenabmessungen übergegangen werden, so wird auch von den anderen Reifenfabriken der Übergang zu dieser Felgenform sicher erwogen werden. Wie sich die Lage in den nächsten Monaten ändern und entwickeln wird, kann nicht vorausgesagt werden.

d) Abnehmbare Felgen.

Hiermit werden solche Felgen bezeichnet, die vom Rad abgenommen werden können. In den Anfängen des Kraftwagens waren Reifenschäden sehr häufig; der Kraftfahrer war nun gezwungen, den Reifen vom Rad abzunehmen und einen Reservereifen aufzulegen, oder er mußte die Reifenreparatur am Rad selbst vornehmen. Das war eine sehr unangenehme und zeitraubende Beschäftigung. Es wurde deshalb von allen Seiten begrüßt, daß abnehmbare Felgen auf den Markt kamen. Man konnte nach Lösen einiger Schrauben die Felge mit dem Reifen abziehen und eine Reservefelge mit voll aufgepumptem Reifen aufsetzen. Der Reifenwechsel war ein Werk von wenigen Minuten. In Deutschland hatte sich in den Vorkriegsjahren die abnehmbare Continentalfelge (Abb. 45) eingebürgert. Sie wird heute nicht mehr ausgeführt, besitzt aber geschichtliches Interesse. Zum Abnehmen der Felge waren die beiden seitlichen Muttern abzunehmen, die anderen Muttern (2 oben, 1 unten) waren nur zu lockern, die Felge konnte dann abgenommen werden.

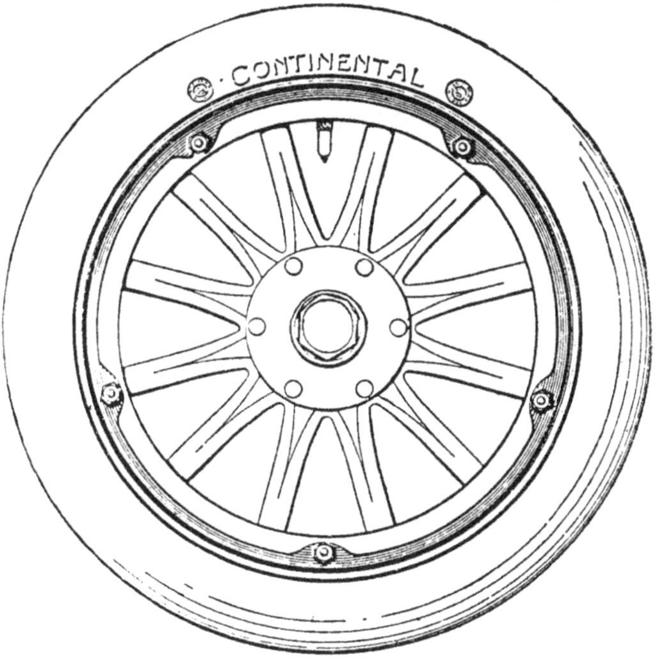

Abb. 45. Abnehmbare Continentalfelge.

Heute besitzen die deutschen Wagen kaum noch abnehmbare Felgen, dagegen fast alle abnehmbare Räder. Dagegen finden wir an amerikanischen Wagen in Verbindung mit Holzspeichen und Scheibenrädern häufig abnehmbare Felgen. Die Konstrukion der Felge ist meistens eine quergeteilte Flachbettfelge mit Geradseitprofil (vgl. Abb. 32 auf Seite 49). Abnehmbare Felgen sind auch in den Abb. 58 u. 75 auf Seite 87 u. 109 dargestellt.

IV.Räder für Personenwagen.

a) Radnaben für abnehmbare Räder.

Die Vorteile des abnehmbaren Rades gegenüber der abnehmbaren Felge werden auf Seite 79 auseinandergesetzt.

Wir haben grundsätzlich, d. h. unabhängig von Art und Form des Rades, zwei übliche Radbefestigungen zu unterscheiden:

A) Räder mit Zentralverschluß.

B) Räder mit Flanschnabe.

Die Radkonstruktion selbst stellt verschiedene Bedingungen an die Befestigung, und die eine Konstruktion ist an der einen oder anderen Stelle praktischer.

a1. Räder mit Zentralverschluß.

Der bekannteste und gebräuchlichste Zentralverschluß ist die sog. Rudge-Nabe. Diese besteht aus folgenden 3 Teilen:

1. der geriffelte und mit Gewinde versehene Achskörper,
2. die innengeriffelte Radnabe,
3. die Befestigungsmutter, die zugleich die Radnabe verspannt.

Abb. 46 zeigt einen Querschnitt. Bei der Radmontage wird das Rad auf den geriffelten Achskörper aufgeschoben, dann die Mutter aufgeschraubt. Da das Befestigungsgewinde entgegengesetzt der Fahrtrichtung (rechte Wagenseite Linksgewinde, linke Wagenseite Rechtsgewinde) angezogen wird, ist während des Fahrens ein Lösen des Rades ausgeschlossen. Dieses zieht sich immer fester an. Wo es auf rasches Auswechseln des Rades ankommt, z. B. bei

Sport- und Rennwagen, ist der Zentralverschluß vorzuziehen. Die Rudge-Nabe ist für alle Radarten geeignet, wenn sie sich auch hauptsächlich für Drahtspeichen- und Holzräder eingeführt hat. So besteht z. B. die Möglichkeit, daß ein Drahtspeichenrad gegen ein Holzrad, oder umgekehrt, ausgetauscht wird.

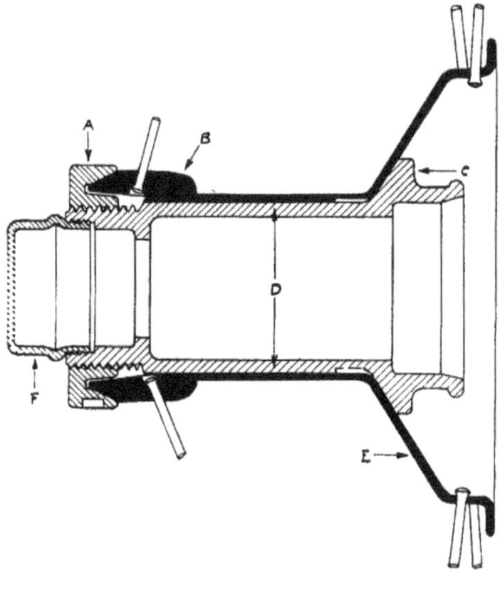

Abb. 46. Querschnitt der Rudge-Nabe.
A Verschlußmutter mit kegeliger Ausdrehung zur Verspannung der Radnabe B. B Radnabe. C Achskörper. D Kerbzahnung. E Nabenkörper. F Staubkappe für die Radlagerung.

Ein Vorteil, der bei anderen Befestigungsarten häufig nicht vorhanden ist. Beim billigen Gebrauchswagen wird diese Befestigung als zu teuer empfunden. In Deutschland sind folgende Abmessungen (Tafel 9) dieser Nabe (nach englischen Originalmaßen) genormt. Die Anwendung ist noch bis 27.11.1929 durch ein Patent geschützt. Die Bezeichnung der Naben in Tafel 9 erfolgt nach dem größten vorn einzubauenden Kugellager d. Die Rudge-Nabe ist nicht, der einzige Zentralverschluß. Es sind jedoch wenig gute Lösungen bekannt geworden. Abb. 66 auf Seite 89 zeigt einen neuen interessanten Vorschlag.

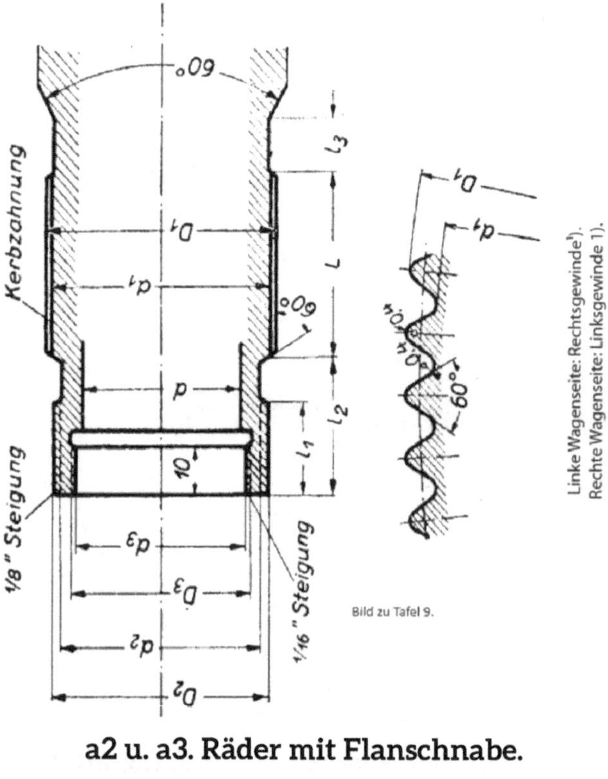

Bild zu Tafel 9.

a2 u. a3. Räder mit Flanschnabe.

Die Befestigung des Radkörpers erfolgt hier an einem am Achskörper sitzenden Flansch mit etwa 4 bis 8 Schrauben. Im Gegensatz zur Rudge-Nabe ist das Lösen von 4 bis 8

1 Die Verwendung von Rechts- und Linksgewinde ist durch D. R. P. 263093 geschützt.

Tafel 9.

Maße in mm

Nenndur-chmesser d	Zähn-ezahl	Kerbzahnung			l_1	l_2	l_3	Gewinde [1])			FettkappenGewinde	
		Außendur-chmesser D_1	Innendur-chmesser d_2	Länge L				Außendur-chmesser D_2	Innendur-chmesser d_2	Flankendu-rchmesser	Außendur-chmesser D_3	Innendurc-hmesser d_3
35	62	51,90–0,12	49,20–0,12	37–1	19 + 0,5	28	7	48,80–0,08	44,70–0,12	46,7	39,90 + 0,12	37,90 +0,25
42	75	62,30– 0,12	59,60–0,12	38,3–1	19 + 0,5	28	10,8	59,30–0,08	55,20–0,12	57,2	47,80 + 0,12	45,80+0,25
52	88	72,850–0,12	70,15 0,12	38,3–1	19 + 0,5	28	10,8	69,82–0,08	65,76–0,12	67,8	58,30+0,12	56,30+0,25
62	100	82,60– 0,12	79,90–0,12	45,3–1	30 + 0,5	41	10,8	79,60–0,08	75,50–0,12	77,6	68,10 + 0,12	66,10+0,25
72	112	91,90– 0,12	89,20–0,12	43,2–1	30 + 0,5	41	10,8	88,87–0,08	84,81–0,12	86,8	77,40 +0,12	75,40+0,25
80	124	101,60– 0,12	98,90–0,12	46,2–1	30 + 0,5	41	10,8	98,60–0,08	94,50–0,12	96,6	87,10 +0,12	85,10+ 0,25

1 Gewindeform: Whitworth.

Muttern zur Abnahme des Rades bedeutend zeitraubender. Trotzdem hat sich diese Befestigung sehr gut bei den verschiedensten Radarten eingeführt. Es sind hier nach der Radbauart 2 Flanscharten zu unterscheiden:

a2. Flanschnabe für breite Räder, z. B. Holzspeichen und Blechspeichenräder.

a3. Flanschnabe für schmale Räder, z. B. Blechscheibenräder.

Der Unterschied ergibt sich ohne weiteres aus der größeren Dicke der Räder. Ferner sind die Flanschdurchmesser und Nabendurchmesser verschieden, da die Räder eine getrennte Entwicklung durchgemacht haben.

a2. Flanschnaben für Holzspeichen und Blechspeichenräder (Tafel 10 und 11).

Der Achskörper besitzt einen Flansch, in dem die Stehbolzen für das Rad mit Gewinde (Tafel 11) oder durch Bund und Gegenmutter (Tafel 10) befestigt sind. Das Rad wird auf die Stehbolzen aufgesetzt, und nach Aufziehen einer runden Abdeckscheibe werden die Muttern (Hutmuttern) aufgeschraubt. Über die Zentrierung dieser Naben sind die Ansichten noch geteilt. Nach einigen Firmen sollen die Schrauben zentrieren, nach anderen soll der zylindrische Teil des Achskörpers zur Zentrierung dienen. Wieder andere Firmen sind der Ansicht, daß ein kegeliger Sitz erforderlich ist. In England und Italien kennt man nur den zylindrischen Sitz. Aus diesen Meinungsverschiedenheiten heraus ist es zu erklären, daß in Deutschland sowohl Normen für Speichenräder mit kegeligem Sitz

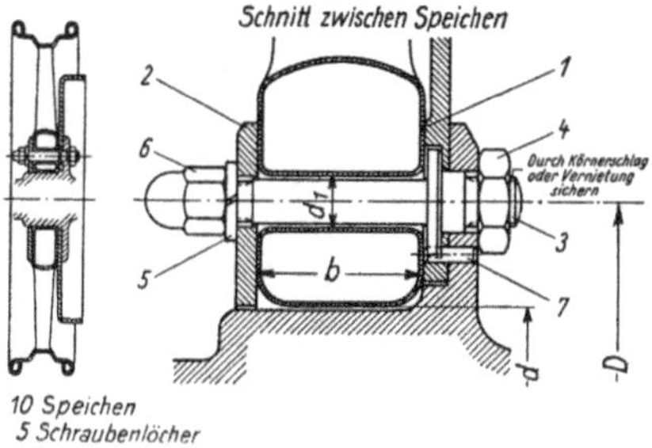

Maße in mm.

Nenndurchmesser = Nabendurchmesser	Bohrung d	Lochkreis-durchmesser D	Radbreite b	Lochdurch-messer d_1	Gewinde der Befestigungs-schraube nach Kr W 218
76.0	76,2	127	30_{-2}	12	M 10x1
76,0	76,2	127	40_{-2}	12	M 10x1
88,7	88,9	140	40_{-2}	12	M 10x1
101.4	101,6	165	45_{-2}	17	M 14x1,5
120.4	1 20,65	178	45_{-2}	17	M 14x1,5

Die übrigen Maße und die Felgenzuordnung sind den Normblättern zu entnehmen.

1. Speichenrad.
2. Scheiben zum Speichenrad.
3. Befestigungsschraube.
4. Sechskantmutter nach KrK 115.
5. Federring nach DIN 127.
6. Hutmutter nach KrK 127.
7. Zylinderstift nach DIN 7.

Tafel 10. Genormte Speichenräder mit zylindrischer Bohrung

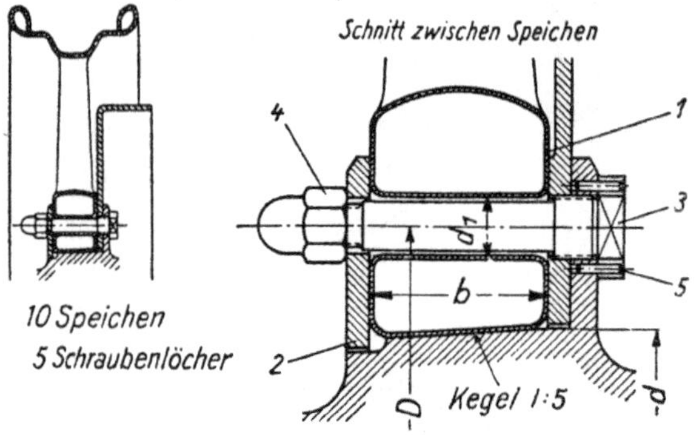

Maße in mm.

Nenndurch-messer	Großer Kegel-durchmesser d	Lochkreis-durchmesser D	Radbreite b	Loch-durch-messer d_1	Gewinde des Stehbolzen nach Kr W 215
90	90	135	30_{-2}	12	M 10
108	108,4	160	40_{-2}	14	M 12
			45_{-2}	17	M 14
127	127,4	175	45_{-2}	17	M 14

Die übrigen Maße und die Felgenzuordnung sind den Normblättern zu entnehmen.

1. Speichenrad.
2. Scheibe zum Speichenrad.
3. Stehbolzen.
4. Hutmutter nach KrK 127.
5. Zylinderstift nach DIN 7.

Tafel 11. Genormte Speichenräder mit kegeliger Bohrung

(Tafel 11), als auch zylindrischem Sitz (Tafel 10) genormt sind. Die neuen Speichenräder mit zylindrischem Sitz (Tafel.10) zeichnen sich dadurch aus, daß sie in Übereinstimmung mit englischen Normen für Speichenräder (Artillerieräder) sind. In den Normblättern sind auch alle Zubehörteile, wie Stehbolzen, Scheiben usw. festgelegt, wie aus den Abbildungen zu erkennen ist. a3. Flanschnaben für Scheibenräder. Taf.12. Hier besitzt ebenfalls der Achskörper einen Flansch, auf dem mehrere Stehbolzenschrauben befestigt sind, auf die das Rad aufgeschoben wird. Der Unterschied zu den Naben nach a2 ist, daß hier die Zentrierung nur in den Schrauben erfolgen kann. Da durch die Zentrierung in den Bolzen diese und die Radscheibe sehr beansprucht werden, hat man neuerdings ebenfalls eine Zentrierung auf der Radnabe vorgeschlagen Abb. 47. Die Radscheibe ist innen kegelig gezogen, die Bolzen sind jetzt völlig entlastet.

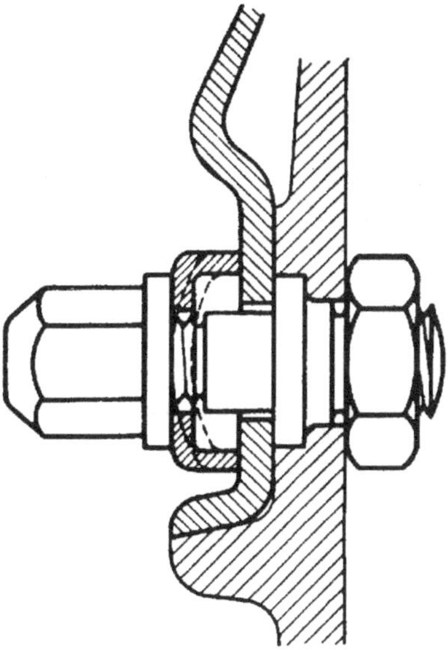

Abb. 47.

Zur Zentrierung sind einmal die Schrauben durch einen Bund genau im Flansch zentriert, sowie gesichert, und ferner besitzen die abschraubbaren Befestigungsmuttern einen kugeligen oder kegeligen Ansatz zur Zentrierung der Radscheibe und zur größeren Reibungssicherung. Verschiedene Firmen verlangen,

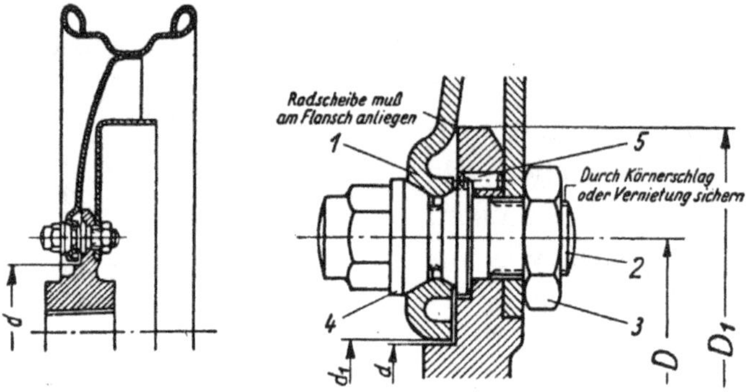

Maße in mm.

Nenndurchmesser d—0,1	d_1 + 0,1	Anzahl der Löcher	Flanschdurchmesser D_1	Lochkreisdurchmesser D
84	85,2	4	185	130
160	161 ,0	6	250	205

Die übrigen Maße und die Felgenzuordnung sind den Normblättern zu entnehmen.

1. Scheibenrad.
2. Bundschrauben für Scheibenräder.
3. Sechskantmuttern nach KrK 115.
4. Senkbundhutmuttern zu Scheibenrädern.
5. Zylinderstifte nach DIN 7.

Tafel 12. Genormte Scheibenräder aus Blech.

daß die Schrauben an der linken Wagenseite mit Linksgewinde ausgerüstet werden. Ob diese Maßnahme erforderlich ist, darüber sind die Ansichten sehr geteilt. Die Anwendung von Linksgewinde ist patentiert. In Anlehnung an die Maße der französischen Firma Michelin sind in Deutschland folgende 2 Flansche nebst Zubehörteilen genormt (Tafel 12). Eine dritte Flanschabmessung, die bisher in Deutschland häufig angewendet wurde und auch als Norm zugelassen war, besitzt folgende Abmessung (Tafel 13). Die Nabe wurde besonders für die Kleinwagen bevorzugt.

Abb. 48. Neues Rudge-Whitworth-Drahtspeichenrad mit Flanschbefestigung.

Tafel 13. Maße in mm:

Nenndurchmesser d	d_1	Anzahl der Löcher	Flanschdurchmesser D_1	Lochkreisdurchmesser D
60	60 ,2	4	145	100

Maße nach Abb. auf Tafel 12. Kleiner Flansch für Scheibenräder (jetzt nicht mehr als Norm zugelassen).

Seit langem geht das Bestreben dahin, eine Befestigungsart zu finden, die unabhängig von der Bauart des Rades ist, z.B. die Arten a2 und a3 zu vereinigen. Ursprünglich glaubte man, diese Befestigungsart in der Rudge-Nabe (Seite 66) gefunden zu haben. Diese erweist sich jedoch für den billigen und leichten Gebrauchswagen als zu teuer. So bringt neuerdings selbst die Firma Rudge-Withworth ein Drahtspeichenrad auf den Markt, das mit einer Flanschnabe ausgerüstet ist (Abb. 48). Durch geeignete Konstruktion läßt sich, wie Abb. 49 erkennen läßt, eine einheitliche Flanschnabe für verschiedene Radarten geeignet ausbilden. Diese Konstruktionen stammen von der Motor Wheel Corporation, einer der größten Radfabriken in U. S. A. Der Austausch der verschiedenen Radarten, Drahtspeichen, Blechscheiben

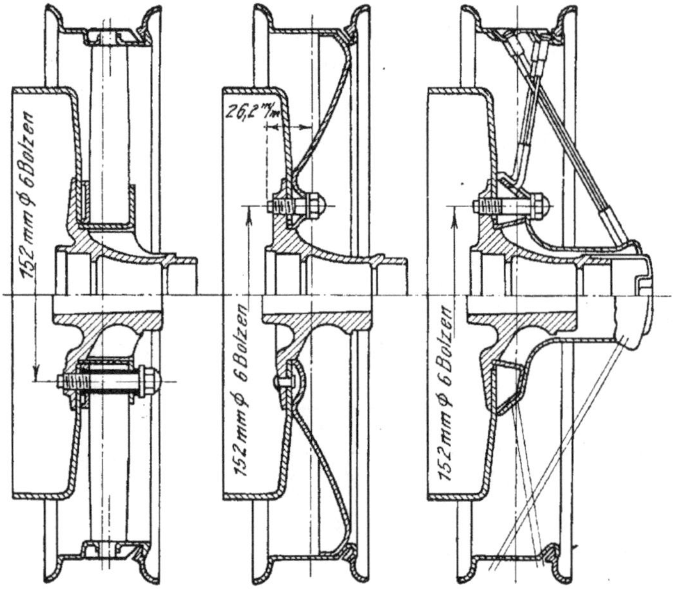

Abb. 49.

a) Holzspeichenrad. b) Scheibenrad. c) Drahtspeichenrad.
mit einheitlicher Flanschnabe.

und Holzspeichen ist vollkommen bis auf die Länge der Schraubenbolzen, die je nach Radart verschieden sind.

Es steht zu erwarten, daß sich die Flanschbefestigung für das abnehmbare Rad immer mehr durchsetzen wird, und daß auch in Zukunft der Unterschied der Befestigungsarten a2 und a3 verschwinden wird. Auch besteht die Möglichkeit, daß Räder mit Rudge-Nabe a1 z. B. Holzräder nochmals abnehmbar eingerichtet werden, so daß ein zweifacher Austausch sowohl an der Nabe als auch am Flausch erfolgen kann.

b) Radarten.

1. Allgemeine Anforderungen.

An das Rad des modernen Gebrauchswagens werden heute folgende Anforderungen gestellt:

1. Leichte Auswechselbarkeit.
2. Elastizität bei großer Festigkeit, besonders hinsichtlich seitlicher Beanspruchung.
3. Geringer Luftwiderstand.
4. Kleines Schwungmoment zur Erleichterung des Anfahrens.
5. Gute Ableitung der im Reifen entstehenden Wärme.
6. Kleines Gesamtgewicht.

Es kann gesagt werden, daß es ein Idealrad, das alle Anforderungen 1 bis 6 in hinreichendem Maße erfüllt, nicht gibt. Jede heute auf dem Markt befindliche Radart hat auf der einen Seite bestimmte Vorteile, auf der anderen wieder Nachteile. Im folgenden sei auf die Eigenschaften näher eingegangen.

1. Leichte Auswechselbarkeit: Entweder durch abnehmbare Felge oder durch abnehmbares Rad zu bewirken. Die Montage des abnehmbaren Rades ist einfacher, da die Schrauben (abgesehen vom Zentralverschluß) mehr in der Mitte sitzen. Der Zentralverschluß ist am günstigsten.
2. Elastizität: Größte Elastizität werden federnde Räder aufweisen. Derartige Konstruktionen sind mit

solchen Schwierigkeiten (besonders Werkstoff!) verknüpft, daß eine brauchbare Lösung kaum zu erwarten ist. Hinsichtlich der seitlichen Beanspruchung sind Stahlspeichenräder den Holzspeichenrädern erheblich überlegen. Die Scheibenräder sowie Drahtspeichenräder mit dreifacher Verspannung besitzen auch gute seitliche Stabilität. Drahtspeichenräder sind am elastischsten.

3. Geringen Luftwiderstand bieten Scheibenräder und abgedeckte Drahtspeichenräder. Der Luftwiderstand spielt bei großer Geschwindigkeit eine erhebliche Rolle, da der obere Teil des Rades die doppelte Geschwindigkeit wie der Wagen besitzt. Infolgedessen tritt ein vierfacher Luftwiderstand gegenüber anderen Teilen des Wagens auf.

4. Kleines Schwungmoment: Die abnehmbare Felge erhöht das Schwungmoment erheblich. Kleinstes Schwungmoment bei Drahtspeichenrädern.

5. Gute Abhaltung der Reifenwärme: Am günstigsten bei Scheibenrädern. Wegen Kühlwirkung der Luft auch bei Speichenrädern günstig. Holzspeichenräder sind ungünstiger als Stahlspeichenräder. Bei Anwendung von Leichtmetall bei Scheibenrädern wird die Wärmeableitung erhöht. Abnehmbare Felgen haben nur wenig Berührungspunkte mit der Grundfelge; leiten infolgedessen die Wärme schlecht ab.

6. Kleines Gesamtgewicht: Besonders bei Drahtspeichenrädern und Leichtmetallrädern. Abnehmbare Felgen erhöhen das Gewicht wegen doppelten Radkranzes.

Aus dieser Übersicht können jetzt zusammengefaßt werden:

Abnehmbare Felgen: ungünstig wegen 1, 4, 5 und 6;

Holzspeichenräder: ungünstig wegen 2 und 5;

Drahtspeichenräder: günstig wegen 1, 2, 3, 4 und 6;

Stahlspeichenräder: günstig wegen 1, 2 und 5;

Blechscheibenräder: günstig wegen 1, 3 und 5;

Leichtmetallscheibenräder; günstig wegen 1, 3, 4, 5 & 6.

Wieweit die einzelnen Radarten bei den heutigen Personenwagen verbreitet sind, zeigen die Abbildungen 50 a u.b.

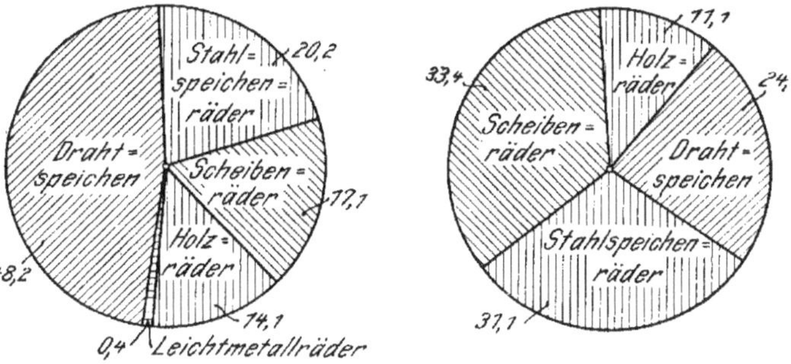

a Personenwagen 1927. b Personenwagen 1928.

Abb. 50. Verbreitung der einzelnen Radarten in Deutschland.

Die Radarten des Personenwagens:

Es sind zu unterscheiden:

1. Speichenräder
   a. Holz
   b. Blech
2. Drahtspeichenräder
3. Scheibenräder.

2. Speichenräder, Holz.

Die Holzspeichenräder sind in Deutschland ziemlich außer Gebrauch gekommen, während sie in Amerika in Verbindung mit abnehmbaren Felgen noch viel angewandt werden, da dort gute einheimische Hölzer zu haben sind. Das Holzspeichenrad hat gutes Aussehen und ist dauerhaft und stabil.

3. Speichenräder, Blech.

Die Form gleicht der der Holzspeichenräder. Die Räder sehen gut aus und sind dabei sehr stabil. Die

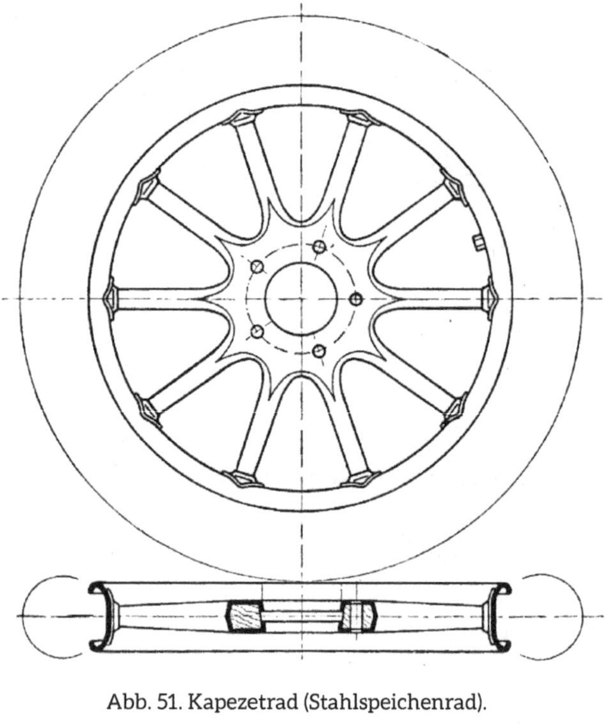

Abb. 51. Kapezetrad (Stahlspeichenrad).

axiale Bruchbelastung gegenüber Holzrädern ist etwa doppelt so hoch, die radiale 1,5 mal so groß; dabei brechen die Räder nicht, sondern verbiegen sich nur.

Zwei Bauarten haben sich gut eingeführt:

Kapezet-Räder (Abb. 51),

Sankey-Räder (Abb. 52)
deren Aussehen und Herstellung verschieden ist.

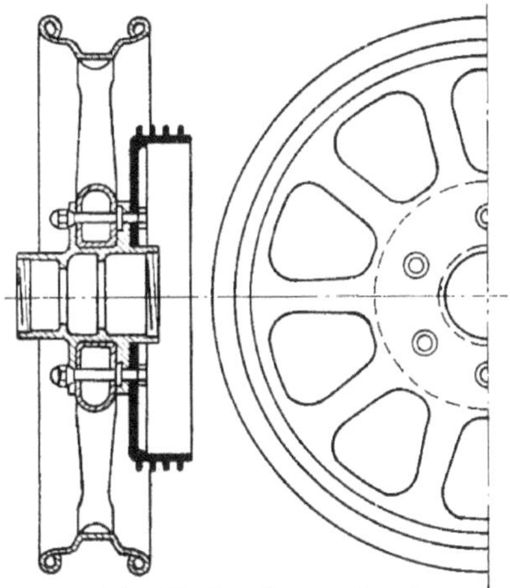

Abb. 52. Sankeyrad mit Tiefbettfelge (Stahlspeichenrad).

Kapezet-Räder (Kronprinz A.G., Ohligs, Rhld., Abb. 51). Das Rad besteht aus zwei gestanzten Blechscheiben, die miteinander zu einem Speichenrad verbunden sind. Die Speichenköpfe werden in Tüllen an die gewalzte Felge aufgeschweißt. Die Radnabe besitzt eine Holzeinlage zur Verstärkung. Diese Räder haben sich seit der Vorkriegszeit in Deutschland gut eingeführt; sie werden jedoch immer mehr und mehr verdrängt durch die Sankey-Räder (ursprünglich hergestellt von Sankey und Sons, England, Abb. 52). Diese bestehen ebenfalls aus zwei gestanzten Blechscheiben, die miteinander verbunden sind, so daß das Aussehen eines Speichenrades entsteht. Sie unterscheiden sich jedoch von den Kapezet-Rädern dadurch, daß auch der Radkranz aus den Blechscheiben geformt wird. Diese Räder haben besondere Vorteile bei Anwendung der Tiefbettfelge.

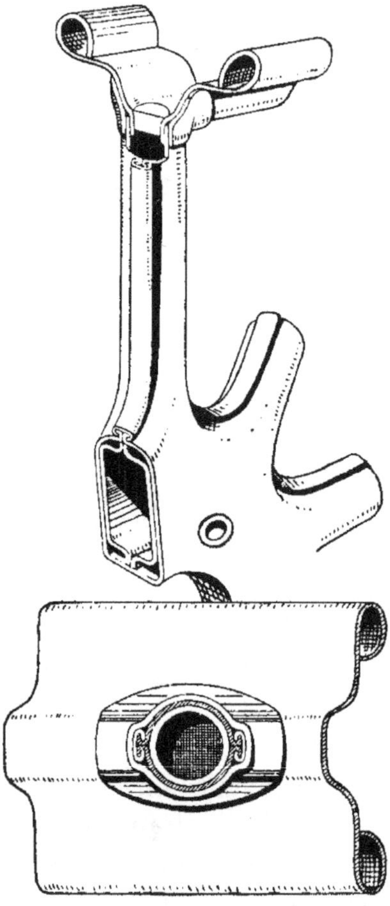

Abb. 53- Stahlgepreßtes Rad für Tiefbettfelgen.

Abb. 53 zeigt ein neues stahlgepreßtes Rad für Tiefbettfelgen. Hier sind die Speichenköpfe ebenfalls in Tüllen aufgenommen. Bemerkenswert ist, daß die Naht durch ein U-förmiges Blech abgedeckt ist. Die Anzahl der Speichen beträgt meist etwa 10. Je größer die Anzahl der Speichen ist, desto günstiger ist die Kraftverteilung, da Stöße eine geringere Einwirkung auf das Rad haben. Im Gegensatz zu dieser landläufigen Meinung ist in England ein Speichenrad mit nur 3 Speichen auf den Markt gekommen. Das Rad ist nur für Niederdruckreifen gebaut und soll besonders gute Federungseigenschaften besitzen (Abb. 54)[1]).

1 Neuerdings wird auch ein 3-Speichenrad aus Stahlguß für Lastkraftwagen von der Bergischen Stahlindustrie auf den Markt gebracht.

4. Drahtspeichenräder. (Abb. 55).

Bei diesen Rädern ist die Anzahl der Speichen sehr groß geworden. Das Rad hat große Elastizität und Stabilität gegenüber anderen Bauarten, dabei ein sehr geringes Gewicht. Dadurch wird eine erhebliche Schonung der Reifen erzielt, und zwar soll der Reifenverbrauch etwa 40% geringer sein. Im allgemeinen

Abb. 54. Blechspeichenrad mit drei Speichen (englisches Trinity-Rad).

werden die Räder nach der Dreiecksform, Abb. 55, verspannt. Ein Nachziehen der Speichen ist durch Anbringung von Speichennippeln möglich. Die Befestigung erfolgt meistens durch Rudge-Nabe, vgl. Abb. 46 auf Seite 67 und neuerdings auch durch Flansch (Abb. 48 auf S. 75).

Ein Nachteil ist der relativ hohe Preis und die schwierige Reinigung. Man hat deshalb Abdeckscheiben aus Leichtmetall konstruiert, die leicht abnehmbar sind und

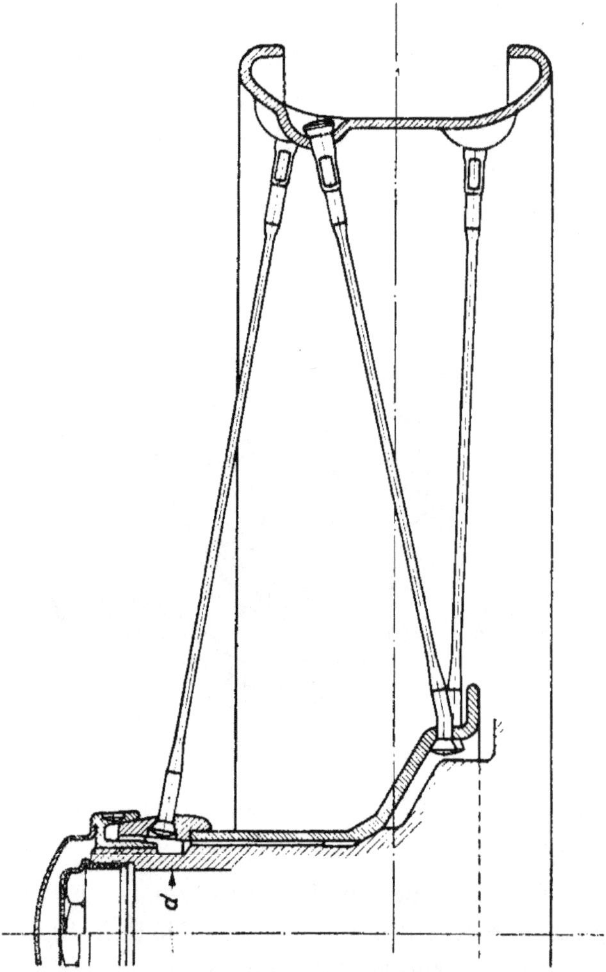

Abb. 55. Drahtspeichenrad (dreieckige Verspannung).

ein Verschmutzen des Rades verhindern (Abb. 56 u. 57). Die Speichenköpfe an der Felge müssen durch ein Felgenband verdeckt werden, damit der Schlauch nicht beschädigt wird. Die Speichenköpfe müssen auch in besonderen Vertiefungen sitzen.

5. Scheibenräder, Blech.

Diese Räder sind heute sehr bevorzugt, weil sie gutes Aussehen haben, leicht zu reinigen sind und die Wärme gut ableiten. Sie sind aber diejenige Radart, welche am wenigsten elastisch ist. Der Reifen wird gegenüber anderen Bauarten nicht geschont. Das verwendete Blech muß aus gutem Werkstoff sein, da sich sonst an den Befestigungslöchern Risse bilden. Die Flanschbefestigung für diese Räder hat sich allgemein eingeführt. Der Form der Blechscheibe nach sind konvexe und konkave Scheibenräder zu unterscheiden. Die konvexe Scheibenradform ist in den deutschen Normen festgelegt (vgl. Tafel 12 S. 74). Die konkave oder gewellte Form ist auch an deutschen, hauptsächlich aber an amerikanischen Wagen zu finden (Abb. 58 u. 59). Technische Vorteile spielen hier eine geringere Rolle als die Frage des Aussehens.

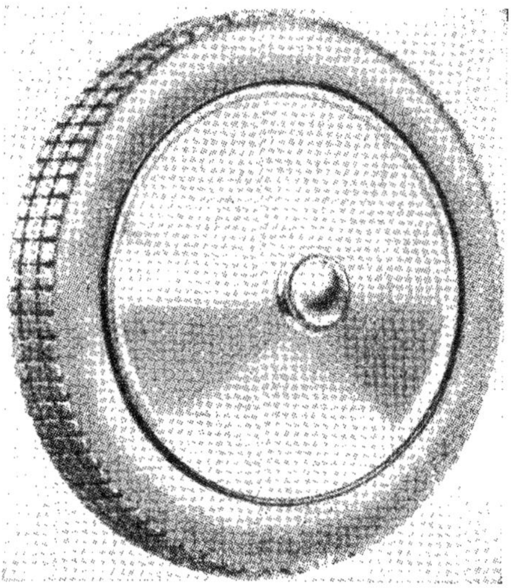

Abb. 56. Abdeckscheiben für Drahtspeichenräder. Fertig montiert. Siehe auch Abb. 57 S. 86.

Zur Gewichtserleichterung schlägt man heute Scheibenräder aus Elektron oder Lautal vor. Diese Werkstoffe besitzen dieselbe Festigkeit wie Blech, jedoch ein bedeutend höheres Wärmeableitvermögen.

Zur Verbesserung des Aussehens und auch der Elastizität stanzt man, (besonders an Rennwagen,) die Radscheiben aus, so daß die Form von Speichenrädern entsteht (Abb. 60).

6. Scheibenräder, Nichtmetall.

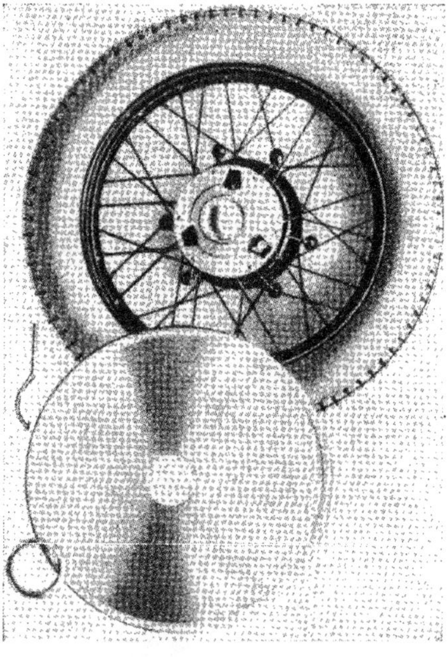

Abb. 57. Abdeckscheiben für Drahtspeichenräder nach Abb. 56. Abgenommen mit Einzelteilen.

Das Rad der Zukunft wird sicher eine Scheibenrad sein. Wahrscheinlich wird der Baustoff jedoch nicht Stahlblech, oder überhaupt Metall, sondern ein elastischer Stoff sein, z. B. kräftiges Gummigewebe mit Sperrholzversteifung usw. Derartig technisch gut durch gebildete Radarten sind bereits patentiert (Abb. 61), und es dürfte nur eine Frage der Zeit sein, wann sie genügend ausprobiert auf den Markt kommen. Ob durch derartige Räder der Luftreifen entbehrt werden kann, ist eine Frage, die viele Erfinder bewegt. Eine Kombination von Reifen und Rad aus einem Stück bei derartigen Materialien wäre allerdings denkbar.

7. Sonderbauarten von Rädern.

Interessant sind Bauarten von Rädern, bei denen die Bremstrommeln mit im Radkörper untergebracht sind.

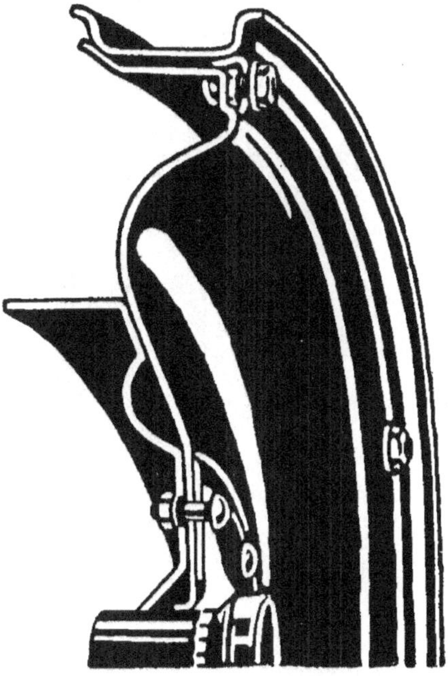

Abb. 58. Blechscheibenrad, Konstruktion Tuarc, konkave Form.

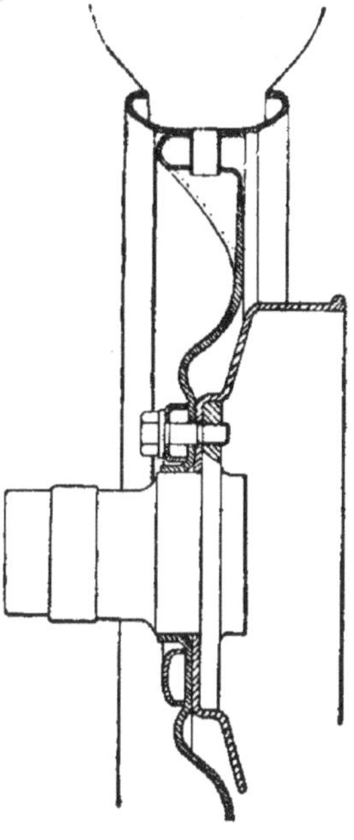

Abb. 59. Blechscheibenrad, gewellte Form.

Abb. 62 zeigt ein Rad an dem sich noch durch andere Eigenheiten auszeichnenden Wagen von Harris Léon Laisne. Es handelt sich um einen Radkörper aus Blech, der voll um die

Bremstrommel herumgreift. Der Zwischenraum zur Tiefbettfelge wird durch Drahtspeichen ausgefüllt.

Abb. 60. Blechscheibenrad mit ausgestanzten Löchern.

Die Radscheibe ist nur auf keglige Schraubenköpfe am Achsflansch aufgesetzt. Die Befestigung erfolgt durch Befestigungs und Schutzkappe, die durch eine Mutter gesichert ist. Wir haben hier also ebenfalls einen Zentralverschluß, vgl. Seite 66, wobei das Rad leicht abnehmbar ausgestaltet ist.

c) Radkombination.

Die vorhergehenden Abschnitte

1. Reifenbefestigung,
2. Radnabe,
3. Radarten

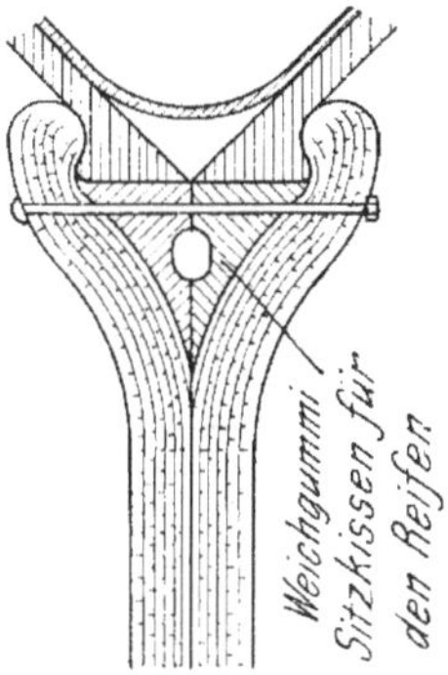

Abb. 61. Radkonstruktion aus Gewebe und Gummi.

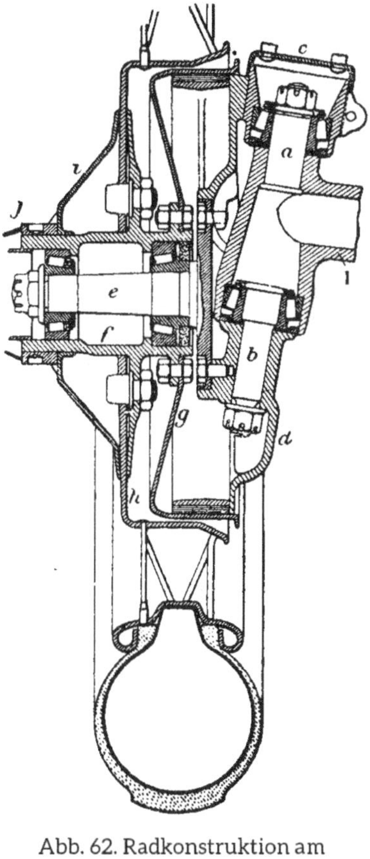

Abb. 62. Radkonstruktion am Wagen von Harris Léon Laisne.

zeigten, wieviel verschiedene Ausführungen der einzelnen Bauteile es heute gibt. Bedenkt man noch, daß etwa 7 bis 8 Reifengrößen notwendig sind, um alle Wagengrößen zu erfassen, so erkennt man, daß heute mehr vollständige Radarten möglich sind, als es überhaupt Wagenkonstruktionen gibt. Es wäre deshalb zu wünschen, daß man sich in Zukunft auf bestimmte Normalbauarten einigt, z. B. Radnaben, Felgen usw., um auf diese Weise zu einer Verbilligung der Radausrüstung durch große Stückzahl zu gelangen, und um jederzeit einen raschen Austausch zu ermöglichen.

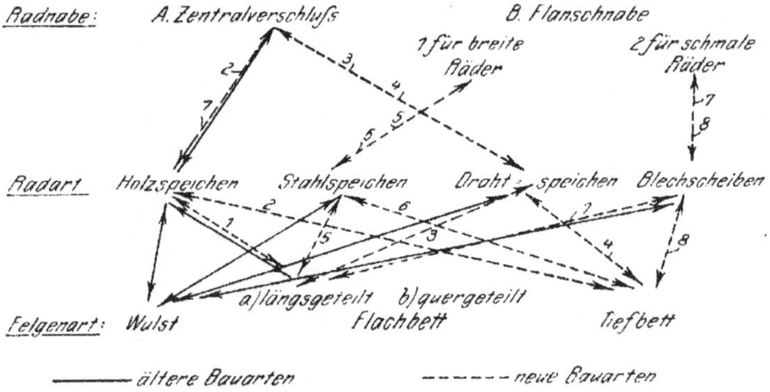

Abb. 63. Deutsche Radkombinationen.

Einen Überblick über die heute üblichen Kombina-tionen gibt Abb. 63. Man erkennt ohne weiteres, daß es etwa 8 heute bevorzugte Kombinationen gibt. Bei etwa 7 bis 8 Reifen- und Felgengrößen ergeben sich etwa 60 verschiedene Räder. Man hat deshalb heute das Bestreben, die Zahl der Felgen und damit der Räder einzuschränken. So besitzen die Tiefbettreifen nur 3 Felgengrößen.

Abb. 64 zeigt, daß man bereits ein gutes Stück in dieser Richtung vorangekommen ist. Es gibt für Blechscheibenräder für 11 Reifen nur 7 verschiedene Räder, die 2 verschie-dene Naben besitzen; an Befestigungsschrauben und Muttern gibt es nur eine Größe.

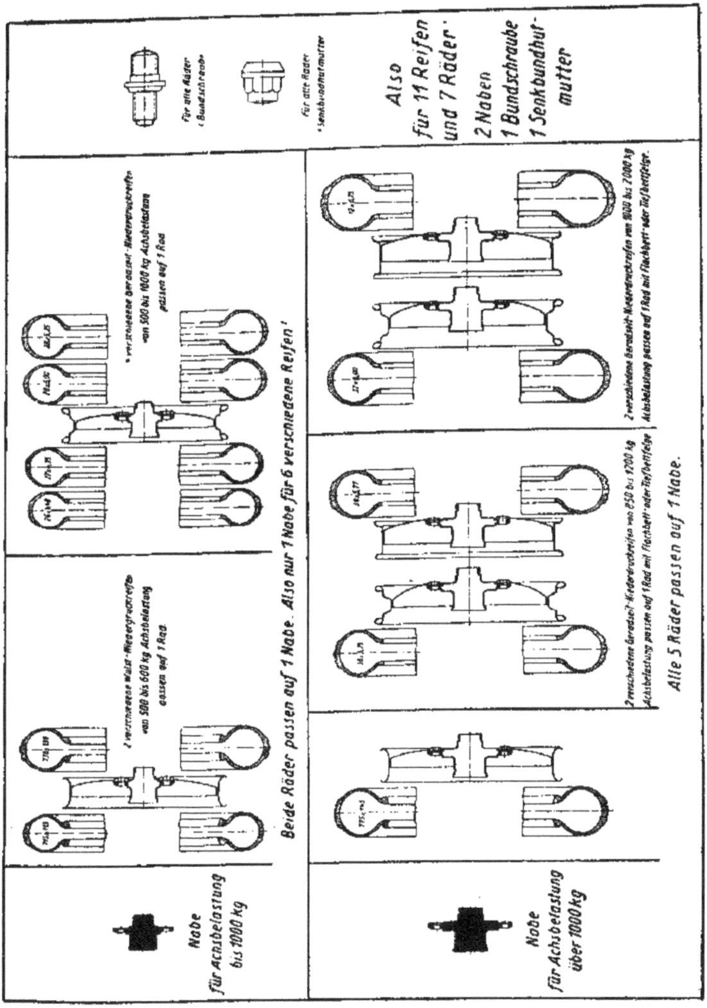

Abb. 64. Normung der Blechscheibenräder.
Wandtafel des Fachnormenausschusses der Kraftfahrindustrie.

V. Reifen für Lastkraftwagen und Omnibusse.

Die Bereifung des Personenwagens ist heute in der ganzen Welt ziemlich einheitlich, sie erfolgt durch Niederdruckreifen. Anders dagegen auf dem Gebiete des Lastkraftwagens, hier begegnen wir noch dem alten Vollgummireifen und bei ähnlichen Wagentypen bereits dem Niederdruckreifen; also ein Unterschied wie er nicht deutlicher sein kann. Während sich auf dem Personenwagengebiet die Entwicklung meist sehr rasch vollzieht, beobachtet man beim Lastkraftwagen größere Entwicklungszeiten, die wohl darauf zurückzuführen sind, daß man für die Vornahme von Versuchen und zum Sammeln von Erfahrungen nur geringere Stückzahlen zur Verfügung hat, da die Gesamtzahl der Lastwagen nicht allzu hoch ist.

Abb. 65 versinnbildlicht die Entwicklung der Lastwagenbereifung und zeigt anschaulich, welche Eindrückungen und Sprunghöhen die verschiedenen Reifenarten beim Fahren über dasselbe Hindernis bei gleicher Fahrgeschwindigkeit aufweisen. Je mehr das Hindernis vom Reifen aufgenommen wird, desto weicher und angenehmer ist das Fahren, da um so geringere Stoßkräfte beim Wiederaufsetzen des Reifens auftreten. Sowohl Fahrzeug als auch Straße werden durch einen weicheren und elastischeren Reifen sehr geschont. So werden die Landstraßen weniger durch mit erheblicher Geschwindigkeit fahrende Schnellastwagen auf Luftreifen, als durch relativ langsam fahrende Fahrzeuge mit Voll- oder Eisenbereifung angegriffen. Die hier auftretenden Probleme sind in den letzten Jahren von Seiten der Reifentechnik, des Kraftwagenbaues als auch des Straßenbaues untersucht worden. Sowohl von wissenschaftlicher als auch wirtschaftlicher Seite muß heute die Anwendung von Luftreifen selbst für schwere Fahrzeuge vertreten werden. Eine Ausnahme bilden nur Sonderfahrzeuge wie Feuerwehrwagen, Zugmaschinen, Elektrokarren.

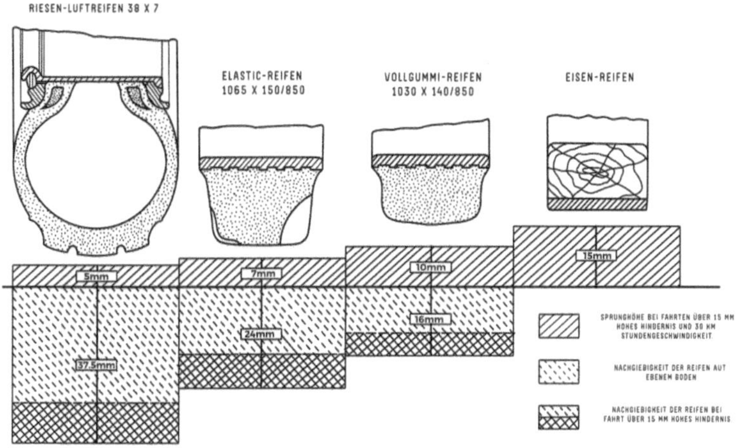

Abb. 65. Die Entwicklung der Lastwagenbereifung (von rechts nach links) und ihre Wirkungsweise.

Für Lastkraftwagen ist bisher allgemein eine elastische Bereifung, darunter war mindestens Vollgummibereifung zu verstehen, vorgeschrieben oder Geschwindigkeiten unter 12 bis 15 km/Stde. Zugleich war für diese Fahrzeuge eine Geschwindigkeitsbegrenzung vorgesehen, nämlich Wagen unter 5,5t bis höchstens 25 km. Seit April 1928 unterliegen noch mit Kissenreifen versehene Fahrzeuge einem zehn prozentigen Steuerzuschlag gegenüber solchen auf Luftreifen. Kissenreifen sind nur bei Fahrzeugen mit mehr als 3000 betriebsfertigen Eigengewicht zugelassen.[1])

Der Vollreifen, Abb. 66.

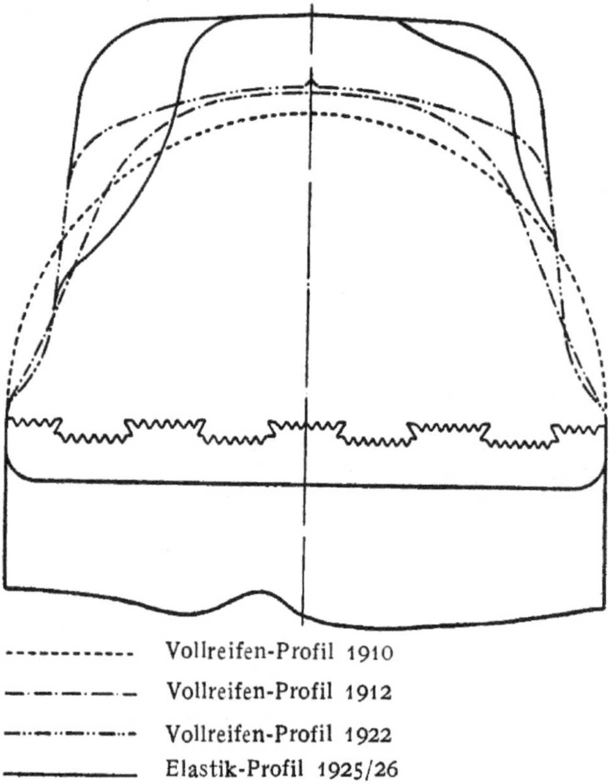

Abb. 66: Die Entwicklung des Vollreifens

Der Gummibelag ruht auf einem Stahlband, das um die ganze Umfangsfläche laufende schwalbenschwanzförmige Eindrehungen besitzt (Abb. 66). Da Weichgummi nicht unmittelbar mit Stahl verbunden werden kann, ist in die

1 Im Juli 1928 sind Verbote für Vollreifen herausgekommen und die Verwendung von Riesenreifen auf Fahrzeuge über 3 t Eigengewicht beschränkt.

Schwalbenschwanz-Nuten Hartgummi gepreßt, der mit der Weichgummimasse zusammen vulkanisiert ist. Die Radfelge ist glatt zylindrisch abgedreht und besitzt ein geringes Übermaß gegenüber dem Stahlbandinnendurchmesser des Reifens. Der Reifen wird mittels einer kräftigen Presse (mit hydraulischem oder Schraubenantrieb) aufgepreßt und ebenso wieder abgezogen. Diese Befestigungsart ist bei uns am gebräuchlichsten und hat sich gut bewährt. Wir finden sie auch bei allen Kissenreifen (vgl. Seite 96).

Den Fortschritten der Gummitechnik entsprechend werden in den letzten Jahren bessere und haltbarere Gummimischungen angewandt; dies wirkte erheblich auf Form und Gestaltung des Vollreifens.

Ursprünglich verwendete man Reifen mit halbrundem Profil (Profil 1910 in Abb. 66), da man annahm, daß bei rechteckigem Profil die überstehenden Kanten leicht zerreißen würden. Im Betrieb, d. h. unter Belastung und bei folgender Abnutzung bildet sich jedoch von selbst ein rechteckiges Profil heraus. Das rechteckige Profil, das man in den späteren Jahren einführte, zeigte dann auch bessere Betriebsergebnisse, da nun eine breitere Auflegefläche mit geringerer Flächenpressung vorhanden ist. Heute benutzt man ausnahmslos dieses Profil (Profil 1922 in Abb. 66). Eine weitere Verbesserung am Vollreifen ist die Anwendung einer oder mehrerer Gleitschutzrillen auf der Lauffläche, die nach Abnutzung mittels besonderer Werkzeuge (Rillenzieher) nachgeschnitten werden können. Reifen, die besondere Haftfähigkeit besitzen müssen, z. B. auf Asphaltstraßen oder in Gebirgsgegenden, versieht man vielfach mit einen Gleitschutzprofil, wie es vom Luftreifen her bekannt ist. Eine Verbesserung des Vollreifens ist durch

Anwendung weicherer Gummisorten und größerer Gummimengen versucht worden. Die Anwendung größerer Gummimengen war auch erforderlich, weil das Kraftfahrzeuggesetz von 1926 eine Mindesthöhe des Reifens von 50 mm im abgenutzten Zustand verlangte.

Versuche, dem Vollreifen auf diesem Wege größere Elastizität zu geben, scheiterten daran, daß zu weicher Gummi sehr starke Abnutzung aufweist und auch in kurzer Zeit Risse und Sprünge bekommt. Bei zu großer Walkarbeit und größeren Geschwindigkeiten auf längeren Wegstrecken erhitzt sich immer die Gummimasse und schmilzt (Ausblasen von Vollreifen). In Deutschland sind seit mehreren Jahren folgende Vollreifen (Tafel 13) genormt. Sie bauen sämtlich auf den Felgendurchmessern 670 mm (für Anhänger) 770 und 850 mm auf. Diese drei Durchmesser werden auch den Kissenreifen zugrunde gelegt.

Man suchte einen Ausweg und versah den Vollreifen mit inneren und äußeren Aussparungen bei Anwendung eines höheren Gummibelages, so entstand der hochelastische oder Kissenreifen. (Elastikprofil 1925/26 in Abb. 66). Durch die Aussparungen ist jetzt dem Gummi die Möglichkeit gegeben, seitwärts auszuweichen und so eine größere Eindrucktiefe zu ermöglichen. Für Elastikreifen sind die verschiedensten Formen empfohlen und ausgeführt worden. Während manche dieser Reifen dem Luftreifen in einem gewissen Belastungs bereich gleichen, sind andere Elastikreifen recht unelastisch und nicht besser geeignet, Stöße aufzunehmen als ein Vollreifen. Abb. 67 zeigt eine neue Form des Elastikreifens: den Fulda-Parabel-Kissenreifen, der, wie durch Versuche nachgewiesen ist, besonders

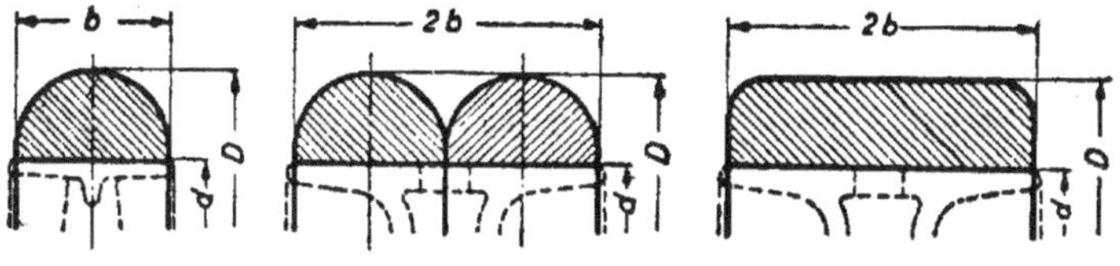

Vollreifen Doppelvollreifen Blockreifen

Tafel 13.

Bezeichnung Reifenaußendurchmesser x Reifenbreite (Felgendurchmesser)	D	Breite b ≈	Innendurchmesser des Reifens (Stahlband) d	Felgendurchmesser	Höchstbelastung[1])
830 X 120 (670)[2])	825 ±5	120	669,2	670—0,32	1200
930 X 120 (770)	925 ±5		769,2	770—0,32	
830 X 140 (670)[1])	835 ±5	140	669,2	670—0,32	1450
930 X 140 (770)	935 ±5		769,2	770—0,32	
1030 X 140 (850)	1015 ± 5		849,2	850—0,32	
850 X 160 (670)[1])	845 ±5	160	669,2	670—0,32	1700
950 X 160 (770)	945 ±5		769,2	770—0,32	
1050 X 160 (850)	1025 ± 5		849,2	850—0,32	
850 X 180 (670)[1])	845 ±5	180	669,2	670—0,32	2000
950 X 180 (770)	945 ±5		769,2	770—0,32	
1050 X 180 (850)	1025 ± 5		849,2	850—0,32	

1 Laufradreifen, d. h. Reifen auf nicht angetriebenen Rädern vertragen 10% Mehrbelastung.

2 Diese Reifen kommen vorzugsweise für Anhänger in Betracht. Die Blockbereifung ist der Doppelvollbereifung gleicher Breite gleichwertig.

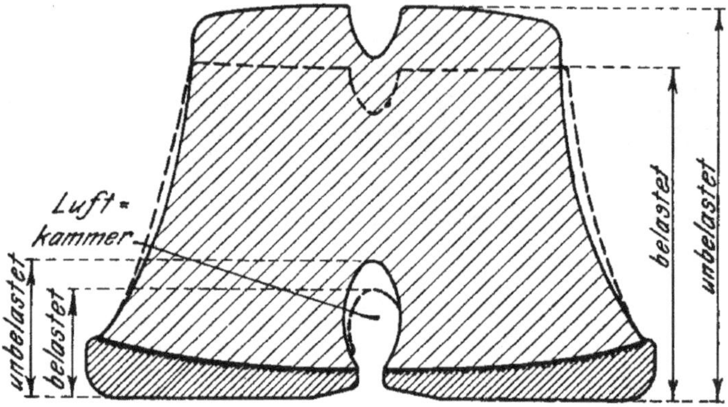

Abb. 67.„Fulda"-Parabel Kissenreifen.

gute elastische Eigenschaften aufweist. Er besitzt neben äußeren Einkerbungen ein geteiltes Stahlband und einen inneren Hohlraum. Der Herz-Elastikreifen (Patent Gollert), Abb. 68,

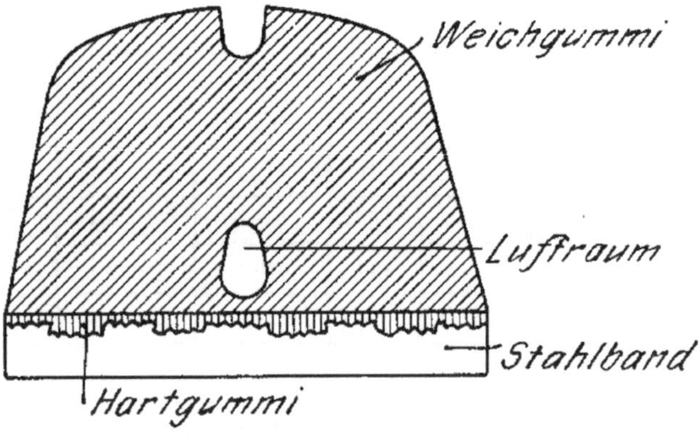

Abb. 68. „Herz"-Elastikreifen (System Gollert).

besitzt ein durchgehendes Stahlband und einen Hohlraum im Weichgummi, der durch die Hartgummischicht vom Stahlband isoliert ist. Amerikanische Kissenreifen weisen häufig quer durch den Reifen gehende Löcher verschiedener Gestalt auf. Verschiedene Kissenreifen besitzen nur äußere Aussparungen,

Trotz aller Verbesserungen der Kissenreifen ist die federnde Wirkung eines mit Luft gefüllten Reifens durch andere Mittel nicht vollwertig zu erreichen. Zu beachten ist auch, daß Kissenreifen sehr großer Weichheit sicher auch erhöhter Abnutzung unterworfen sind und daß mit wachsender Abnutzung die elastische Wirkung der Reifen sehr rasch nachläßt. Für Kissenreifen sind dieselben Felgendurchmesser wie für Vollreifen (vgl. Seite 97) vorzusehen. Für Breite und Belastung sind folgende Vornormen, unterschieden nach Reifen mit und ohne inneren Hohlraum, aufgestellt (Tafel 14 auf S. 100).

Luftreifen für Lastkraftwagen. Nach Versuchen in der Vorkriegszeit, kleinere Lastkraftwagen mit Zwillings- oder gar Drillingsluftreifen auszurüsten, begann man im Jahre 1920 besonders schwere Luftreifen mit Cordgewebeeinlagen und Geradseitbefestigung für schwere Lastwagen zu bauen. Diese Reifen, Abb. 69, unterscheiden sich von den Personenwagenreifen allein durch die Größe (vgl. Abb. 12 auf Seite 17) und durch die große Zahl Gewebeeinlagen. Der Luftreifen besitzt heute nach einer Reihe von Entwicklungsjahren eine große Leistungsfähigkeit und Betriebssicherheit und ist vor allem wirtschaftlicher als Voll- und Kissenreifen, weil der Wagen bedeutend schneller fahren kann und wegen Schonung seiner Bauteile weniger Reparaturen und größere Lebensdauer hat.

Tafel 14. Hochelastische Reifen für Lastkraftwagen.

Ohne Hohlraum			Mit Hohlraum			Innendurchmesser des Reifens (Stahlband)	Felgendurch-messer	Höchstbe-lastung kg[1]
Bezeichnung	Außendurch-messer	Breite ≈	Bezeichnung	Außendurch-messer	Breite ≈			
130/670 130/770	860 ±5 960 ±5	130	130/670¹) 130/770¹)	860 ±5 960 ±5	130	669,20 769,20	670—0,32 770—0,32	1200
140/670 140/770 140/850	870 ±5 970 ±5 1050 ± 5	140	150/670 150/770 150/850	870 ±5 970 ±5 1050 ± 5	150	669,20 769,20 849,20	670—0,32 770—0,32 850—0,32	1350
150/670²) 150/770 150/850	875 ±5 975 ±5 1055 ± 5	150	160/670²) 160/770 160/850	880 ±5 980 ±5 1050 ± 5	160	669,20 769,20 849,20	670—0,32 770—0,32 850—0,32	1500
170/670²) 170/770 170/850	890 ±5 990 ±5 1070 ± 5	170	175/670²) 175/770 175/850	890 ±5 990 ±5 1070 ± 5	175	669,20 769,20 849,20	670—0,32 770—0,32 850—0,32	1700
185/670 185/770 185/850	890 ± 5 990 ± 5 1070 ± 5	185	185/670 185/770 185/850	890 ± 5 990 ± 5 1070 ± 5	185	669,20 769,20 849,20	670—0,32 770—0,32 850—0,32	1850
200/670²) 200/770	895 ± 5 995 ± 5	200	220/670²) 220/770	895 ± 5 995 ± 5	200	669,20 769,20	670—0,32 770—0,32	2000

1 Laufradreifen, d. h. Reifen auf nicht angetriebenen Rädern vertragen 10% Mehrbelastung. Die Angaben über Höchstbelastung sind vorläufige Höchstwerte.

2 Diese Reifen sind für Anhänger bestimmt

Abb. 70 zeigt einen Betriebskostenvergleich nach neueren Unterlagen, aus dem hervorgeht, daß der Luftreifen wirtschaftlich an erster Stelle steht. Zu beachten ist, daß die Anschaffungskosten für Reifen recht hoch sind.

Es haben sich bei uns folgende genormte Größen für Reifen und Felgenprofile eingeführt, die vollständig mit

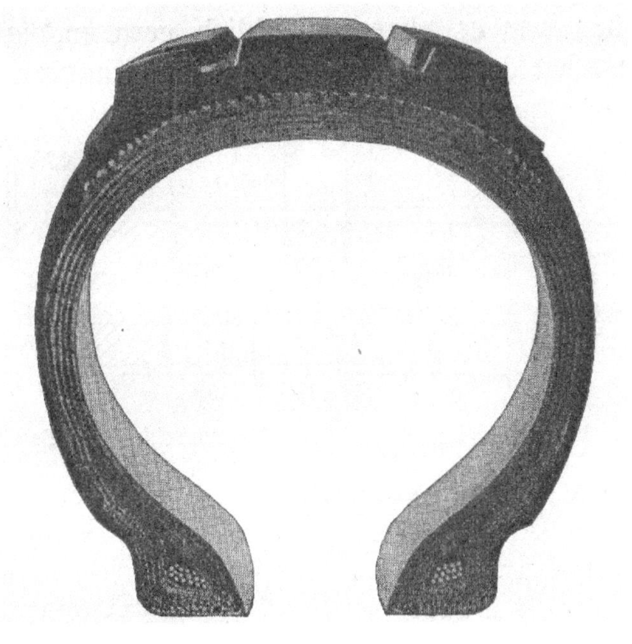

Abb. 69. Querschnitt durch einen Luftreifen für Lastkraftwagen.

ausländischen Maßen übereinstimmen (Tafeln 15 und 16). Es sind zwei Reihen von Reifen vorhanden und zwar für Felgen mit 24" (610 mm) und 20"(508 mm) Durchmesser. Für den Niederrahmenwagen, besonders den Omnibus, werden die 20" Größen bevorzugt. Durch die einheitliche Gestaltung der Felgendurchmesser ist es möglich, die Tragfähigkeit eines Fahrzeugs dadurch zu erhöhen, daß man den nächstgrößeren Reifen auflegt. Dies wird im allgemeinen von den Reifenfabriken nicht gewünscht, da derartige Reifen, insbesonders bei Doppelbereifung, nicht die erwartete Leistung ergaben. Von den Lastwagenfabriken dürfen die Wagen nur mit dem sogenannten Regelreifen (nicht mit Übergrößen) geliefert werden.

Bisher war es allgemein üblich gewesen, auf die Hinterachse des Lastwagens Doppelbereifung zu legen.

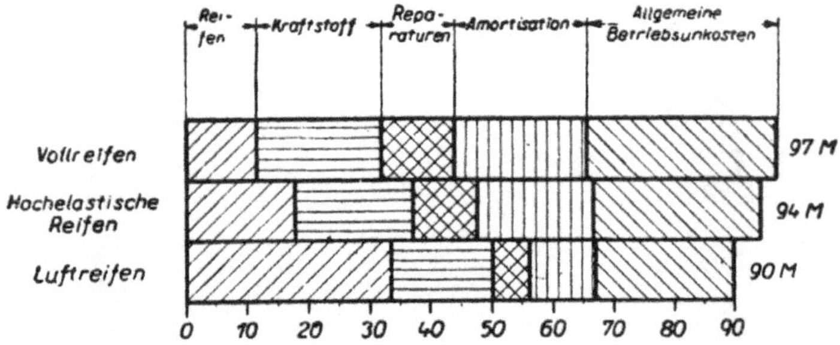

Abb. 70. Betriebskostenvergleich zwischen verschiedenen Bereifungen.

Nach den neuesten Vorschriften darf jeder Doppelreifen ebenso hoch wie ein Einzelreifen belastet werden. Die Lastverteilung ist jedoch bei dieser Bereifungsart ungünstig; häufig hat nur ein Reifen die Gesamtlast zu tragen.

Eine gleichmäßige Belastung der Reifen bringt der sich immer mehr einbürgernde Sechsradwagen. Man kommt hier mit einer Einfachbereifung aus. Auch bei gekrümmter und unebener Fahrbahn tragen stets alle 4 Hinterreifen. Der Reifenverschluß ist, wie Erfahrungen gezeigt haben, an diesen Fahrzeugen bedeutend geringer. Ein gewisser Nachteil ist die häufig sehr große Konstruktionslänge dieser Fahrzeuge.

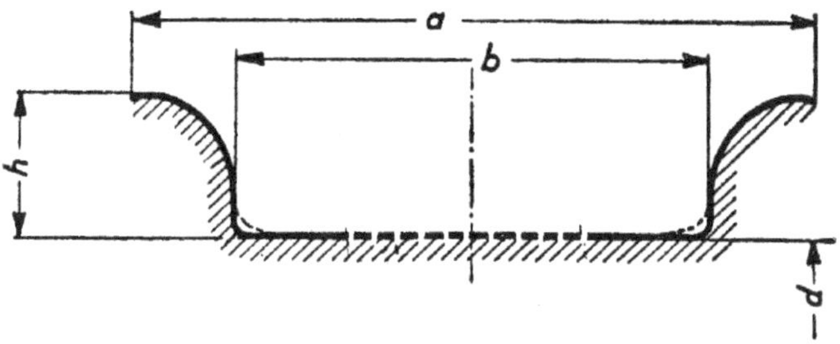

Tafel 15. Felgen für luftbereifte Lastkraftwagen Hauptmaße:

Felgen-größe Zoll	Maul-weite b	a	Höhe h	18" Bezeic-hnung[1])	20" Bezeichnung[1])	24" Bezeichnung[1])	Mittenabstand bei Doppelbereifung
5	95	135	27	28 X 5	30 x 5	34 X 5	190
6	110	160	32	—-	32 X 6	36X6	225
7	127	177	32	—	34 X 7	38 X 7	255
8	152	216	38	—	36 X 8	40X8	285
10	186	262	51	—	40X10	—	—

Ein weiterer Weg, die Doppelbereifung zu umgehen, bietet sich in Einzelreifen mit sehr großem Querschnitt, die genügend Tragfähigkeit besitzen. Man benutzt bereits Reifen von 10" und 12" Breite (250 und 300 mm). Niederdruckreifen. Um dem omnibusfahrenden Publikum dieselben Vorteile zu bieten, die der Fahrer im Personenwagen seit langem hat, werden auch bei uns nach amerikanischem Vorbild eine Reihe von Niederdruckreifen für Lastwagen gebaut (Tafel 17). Der Felgendurchmesser beträgt 20", so daß ein Austausch gegen die – jetzt als Hochdruckreifen anzusprechenden– Luftreifen für Lastwagen (nach Tafel 16) möglich ist.

1 Bezeichnung: Nenndurchmesser X Felgengröße. Nenndurchmesser = Felgendurchmesser + doppelte Felgengröße.

Tafel 16.

Reifen		Abmessungen		Felgendurchmesser Zoll	Belastung		Paßt als	
Millimeter	Zoll	Durchmesser ≈	Breite ≈		eines Rades kg	eines Rades bei Doppelbereifung kg	Regelgröße auf Felge	Übergröße auf Felge
825 X 150	30 X 5	825	150	20	770	1540	30 X 5	–
925 X 150	34 X 5	925		24	885	1770	34 X 5	–
825 X 175	30 X 6	825	175	18	1000	2000	–	28 X 5
875 X 175	32 X 6	875		20	1000	2000	32 X 6	30 X 5
975 X 175	36 X 6	975		24	1135	2270	36 X 6	34 X 5
925 X 200	34 X 7	925	200	20	1275	2550	34 X 7	32 X 6
1025 X 200	38 X 7	1025		24	1455	2910	38 X 7	36 X 6
975 X 225	36 X 8	975	225	20	1635	3270	36 X 8	34 X 7
1075 X 225	40 X 8	1075		24	1820	3640	40 X 8	38 X 7
1050 X 250	38 X 9	1050	250	20	2045	4090	–	36 X 8
1150 X 250	42 X 9	1150		24	2275	4550	–	40 X 8
1125 X 285	42 X 9	1125	285	24	2520	–	–	–
–	40 X IO[2])	–	–	20	2725	–	–	–

1 In der Übergangszeit tragen die Luftreifen für Lastkraftwagen beide Bezeichnungen. Die Reifenabmessungen gelten für den aufgepumpten unbelasteten Reifen. Für jeden Reifen ist normalerweise ab Werk die Regelgrößenfelge zu verwenden, damit später aus wirtschaftlichen Gründen die Reifenübergröße aufgelegt werden kann. Felgen siehe KrW 106.

2 Der Reifen 40X10 ist noch nicht genormt.

Tafel 17. Niederdruckreifen für Lastkraftwagen.

Normvorschlag siehe auch Tafel 4 auf S. 24.

Bezeichnung in Zoll		
34 X 7,50	für Felgen 30 X 5 oder 32 X 6	
36 x 8,25	für Felgen	34 X 7
38 X 9,00	für Felgen	34 X 7
40 X 10,50	für Felgen	36 X 8

Der Niederdruckreifen ist jedoch noch völlig in der Entwicklung begriffen, und die Lastwagenindustrie geht nur zögernd an die Anwendung. Es haben sich Austände durch Wärmeübertragung von der Bremstrommel aus ergeben; man schlägt deshalb von verschiedenen Seiten eine Erhöhung des Felgendurchmessers auf 21", 22" oder 23" vor. Konstruktive Schwierigkeiten bereitet die große Reifenbreite. An Stelle eines Reifens mit 5" Breite tritt jetzt ein Reifen von 7", so daß besondere Rücksicht bei der Konstruktion zu nehmen ist.

IV. Lastwagenfelgen und -räder.

Die Entwicklung der Lastwagenfelgen und -räder ist in den letzten Jahren bedeutend fortgeschritten, wozu das Aufkommen der Luftreifen nicht unerheblich beigetragen hat. Der Luftreifen brachte eine Erhöhung der Fahrgeschwindigkeit, verminderte den Fahrwiderstand und die Beanspruchung von Fahrzeug und Straße. Bei den Felgen und Rädern für Luftreifen waren beim Lastwagen jetzt ähnliche Probleme zu lösen, wie sie früher bei den Personenwagen-Felgen und -Rädern (vgl. Seite 77) aufgetaucht waren, jedoch mit dem Unterschied, daß hier jetzt bedeutend größere Gewichtebei der Rad-, Reifen- und Felgenmontage zu bewältigen sind. Während man beim Personenwagen von einer vollständigen Zurückdrängung der abnehmbaren Felge sprechen kann, dürfte dies beim Lastwagen noch nicht in nächster Zeit der Fall sein, obwohl auch hier bereits eine

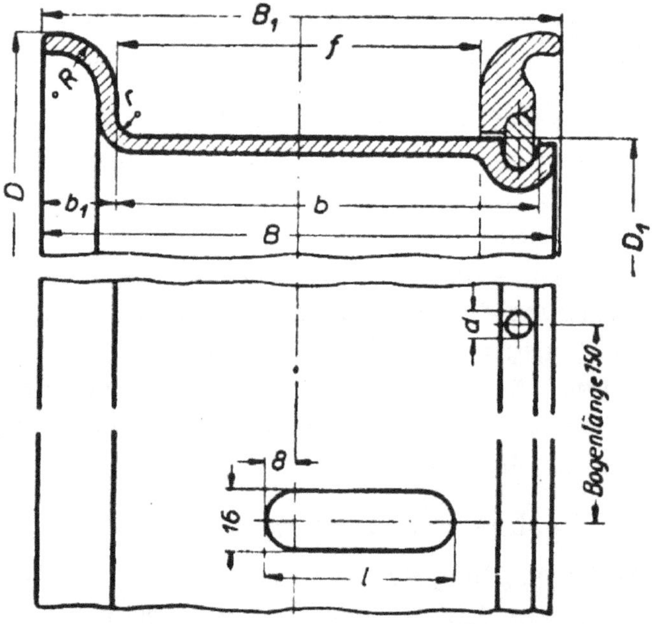

Abb. 71. Geteilte Felge für Lastwagen (mit 1 Seitenring und 1 Verschlußring).

Reihe abnehmbarer Räder, z. B. abnehmbare Stahlblechscheibenräder und abnehmbare Blechspeichenräder, aufgekommen sind. Doch sind hierbei die Gewichte bereits sehr hoch, so daß bei größeren Reifen teilweise zwei Mann zur Montage und Demontage herangezogen werden müssen.

Das Aufbringen der Geradseitreifen für Lastwagen (Luftreifen für Lastwagen oder Riesenluftreifen, vgl. Tafeln 15 und 16 auf Seite 103 u. 104 (erfordert eine teilbare Felge).

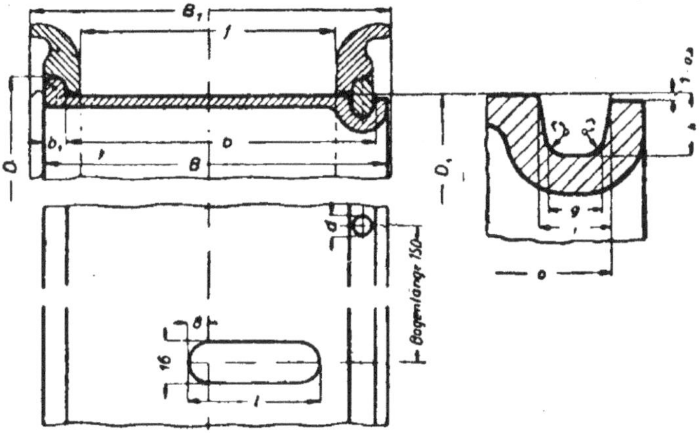

Abb. 72. Geteilte Felge für Lastwagen (mit 2 Seitenringen und 1 Verschlußring).

Bevorzugt werden längsgeteilte Felgen mit abnehmbaren Seiten- und geteilten Verschlußringen, wie sie in ähnlicher Weise bei den Personenwagen (vgl. Abb. 31 auf Seite 47) üblich sind. Bei uns in Deutschland ist seit mehreren Jahren der von der amerikanischen Reifenfabrik Goodyear konstruierte Felgen Verschluß genormt und zwar in zwei Ausführungen. Ausführung A mit einem Seitenring und einem angewalzten Horn, Abb. 71; Ausführung B mit zwei Seitenringen, Abb. 72. Eine ähnliche Felgenkonstruktion, die sich bisher noch nicht in Deutschland eingeführt hat und die auch im Interesse der Normung nicht empfehlenswert ist, zeigt Abb. 73. Die Konstruktion stammt von der amerikanischen Reifenfabrik Firestone und zeichnet sich dadurch aus, daß der Verschlußring scharfkantig profiliert ist; die neueste Ausführung besitzt einen vierkantigen Verschlußring. Neuerdings werden in Verbindung mit neueren Radformen auch in der Mitte längsgeteilte Felgen angefertigt, z. B. bei dem Simplex-Rad und dem Primus Rad, die weiter unten beschrieben werden.

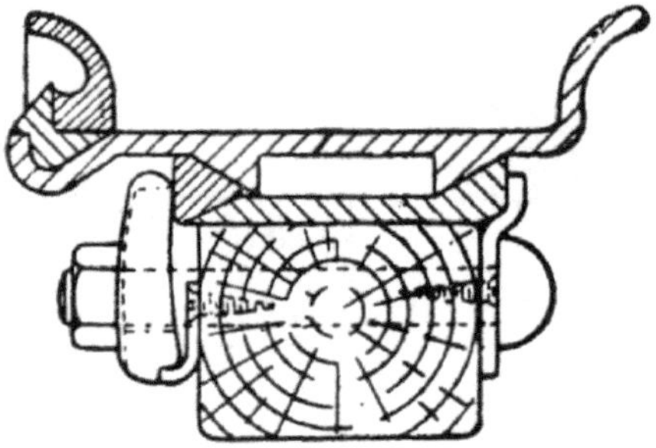

Abb. 73. Abnehmbare, geteilte Felge für Lastwagen. Konstruktion nach Firestone; Montage auf Holzrad.

Der Gedanke, einteilige Felgen nach Art der Tiefbettfelgen (vgl. Seite 52) auch für Lastwagen anzuwenden, ist neuerdings in Verbindung mit Niederdruckreifen für Lastwagen im Auslande erwogen worden. Abb. 74 zeigt einen englischen Vorschlag.

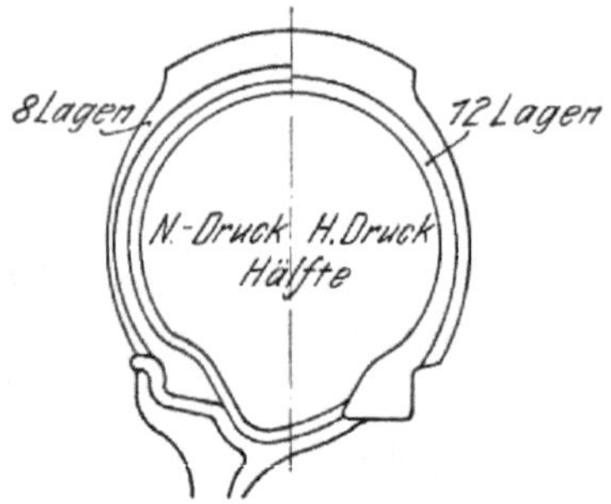

Abb. 74. linke Seite: vorgeschlagener Niederdruckreifen für Tiefbettfelge mit zugehörigem Rad. Rechte Seite: entsprechender Hochdruckreifen.

c) Abnehmbare Felgen.

Beim Lastwagen erwies es sich in verstärktem Maße erforderlich, abnehmbare Felgen zu schaffen, um die Reifenmontage, die hier bedeutend mehr Kräfte und Zeit in Anspruch nimmt, zu erleichtern und betriebsfertige Reifen auf der Fahrt mitführen zu können. So entstand eine viel verwendete Konstruktion nach Abb. 75. Auf dem Radkranz sitzt eine Grundfelge mit zwei kegeligen Seitenflächen , gegen die die Oberfelge angepreßt wird, und zwar mittels besonderer Felgenbolzen und Klampen, von denen etwa 6 bis 8 auf den Umfang verteilt sind. Gegen Verdrehen der Oberfelge gegenüber der Grundfelge wird die Konstruktion durch Mitnehmerlappen geschützt, von denen zwei in der Mitte der Grundfelge und eine an der Oberfelge befestigt sind. Diese abnehmbaren Felgen können sowohl auf einem Holzrad als auch auf einem Stahlgußrad angebracht

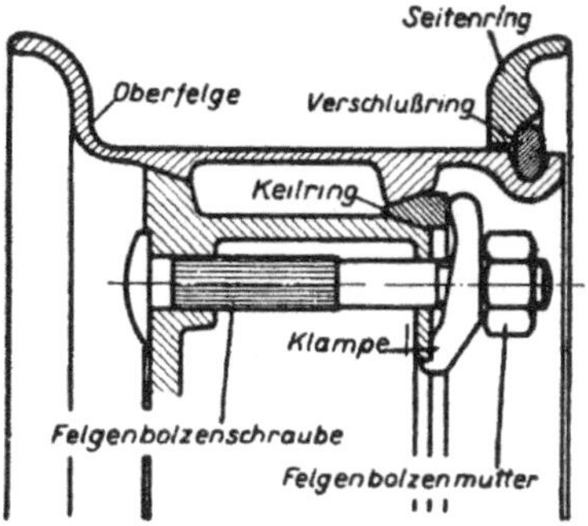

Abb. 75. Abnehmbare geteilte Felge für Lastwagen.

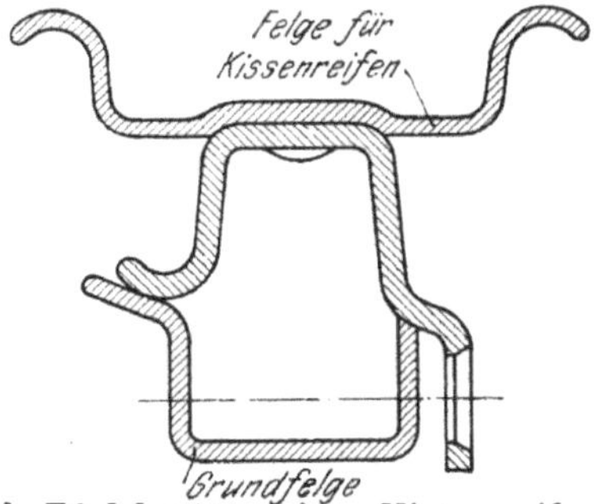

Abb. 76. Montage eines Kissenreifens auf Grundfelge für Luftreifen (amerikanisch).

werden. Das Holzrad wird bevorzugt.

Eine Frage, mit der man sich neuerdings vielfach beschäftigt, ist ein Rad für Luftreifen mit einer Vollreifenfelge zu versehen. Abb. 76 zeigt eine neue amerikanische Konstruktion, sie zeichnet sich gegenüber anderen dadurch aus, daß nur ein gepreßtes Blechstück als Zwischenlage gewählt wird. Die Konstruktion ist für die 1½t Lastwagen der Firmen Ford und Chevrolet bestimmt.Die Entwicklung der verschiedenen Arten von Lastwagenrädern in Deutschland in den Jahren 1925 bis 1927 zeigt folgende Tabelle, die auf Grund der neuesten deutschen Typentafeln für Kraftwagen aufgestellt ist.

	1925	1926	1927	Mittel von 3 Jahren
Holzräder	14,2	17,20	11,7	14,4
Stahlgußräder	26,4	51,5	39,9	39
Stahlscheibenräder	56,2	24,25	41,4	43
Stahlspeichenräder	3,2	5,40	5,8	4,8
Leichtmetallräder	—	1,35	0,9	0,75

Die Statistik schwankt sehr stark. Von den Stahlgußrädern im Jahre 1927 waren 22,2% Speichenräder, 17,7% Scheibenräder.

e) Holzspeichenräder.

Man ersieht aus obiger Zusammenstellung, daß die Holzräder noch immer einen beträchtlichen Teil der Räder ausmachen, und wohl wegen ihrer guten elastischen Eigenschaften bei Lastwagen beibehalten werden.

f) u. g) Stahlgußspeichenräder.

Wie man ersieht, haben die Stahlgußräder im letzten Jahr einen außerordentlich starken Aufschwung genommen, was wohl auf eine Reihe von neuen Konstruktionen von abnehmbaren Felgen zurückzuführen ist. Die oben geschilderte Befestigung einer abnehmbaren Felge auf einem Rad erforderte jeweils das Abschrauben von 6 bis 8 Muttern und das Rad wurde durch die doppelte Felge unnötig schwer. Man hat deshalb der Konstruktion der abnehmbaren Felge, in Verbindung mit dem Rad, erhöhte Aufmerksamkeit geschenkt und es sind so eine Reihe verschiedener sehr interessanter Konstruktionen entstanden. Wir finden heute auf dem Markt folgende 3 Stahlgußräder, die sich zum Teil bereits sehr gut bewährt haben: Eine vierte an sich konstruktiv interessante Konstruktion ist aufgegeben worden. Sie sei jedoch an dieser Stelle besprochen (unter 4).

1. Das Simplexrad der A.G. der Eisen- und Stahlwerke vorm. Georg Fischer, Singen/Baden und Schaffhausen, Abb. 77, 78 u. 79;
2. das B.S.I.-Stahlgußrad der Bergischen Stahlindustrie, Düsseldorf (Abb. 80 u. 81);
3. das Primusrad der Annener Gußstahlwerke, Annen (Ruhr), Abb. 82 u. 83;
4. das Wernerrad des Stahlwerk Werner, Düsseldorf (Abb. 84).

Das Simplexrad, Abb. 77, ist die älteste dieser Konstruktionen, und man kann wohl sagen, das Vorbild für die übrigen gewesen. Das Rad hat sich seit mehreren Jahren bei Omnibussen und Lastwagen bewährt und ist in großem Umfang bei in und ausländischen Lastwagenfabriken eingeführt. Das besondere der Konstruktion liegt darin, daß man sozusagen die Grundfelge bei den Konstruktionen mit abnehmbaren Felgen bis auf die Speichenköpfe weggemindert hat, so daß die Oberfelge nur auf dem Speichenstern ruht. Die Oberfelge selber ist in der Mitte geteilt, so daß Reifen

Abb. 77. Simplex-Rad der A. G. Fischer (Ansicht).

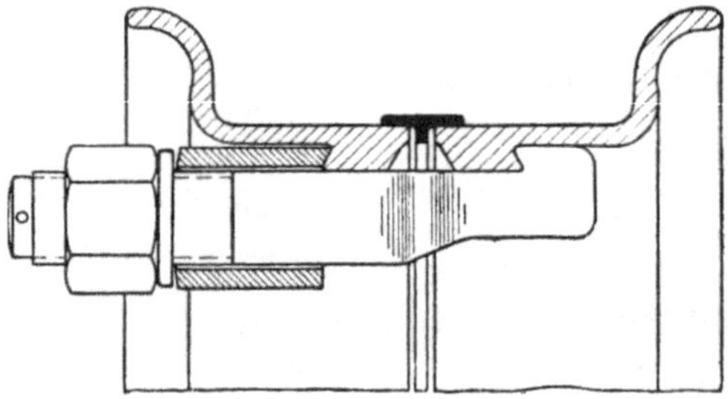

Abb. 78. +GF+ Simplex-Rad. Schnitt durch die Felge mit Montageklammer.

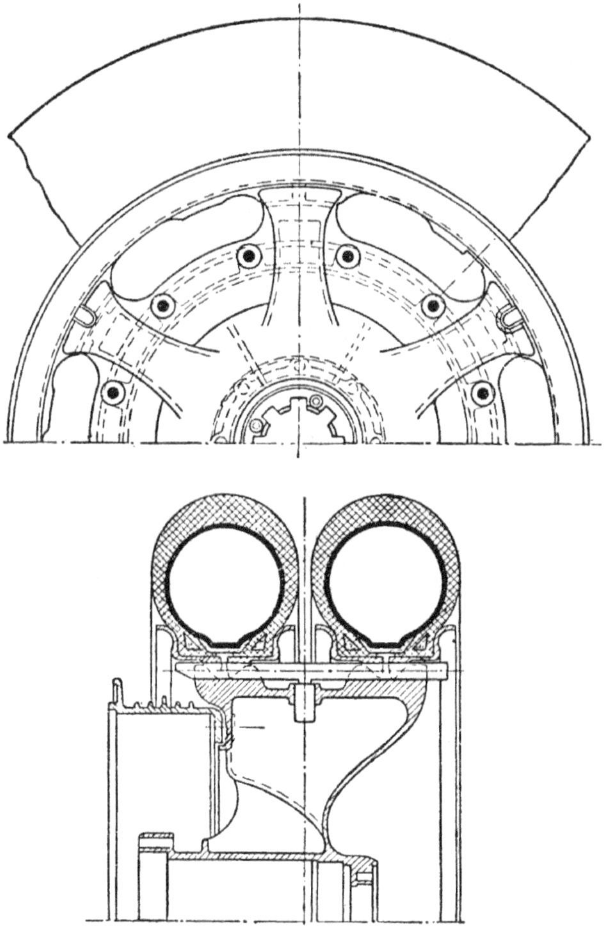

Abb. 79. + GF + Simplex-Rad für Doppelbereifung, Schnitt durch einen Speichenkopf mit Sicherungskeil.

und Schlauch leicht eingelegt werden können; sie wird mittels 6 Montageklammern zusammengespannt (Abb. 78), so daß es möglich ist, einen betriebsfertig aufgepumpten Reifen als Reservereifen mit auf der Fahrt zu führen. Entsprechend der Anzahl der Speichen besitzt die Felge innen doppelkeilförmige Ansätze, Abb. 79, die in entsprechende Keilnuten der Speichenköpfe passen.

Abb. 80. B.-S.-I.-Stahlgußrad.

Durch eine kleine Drehung der Felge kann diese dann auf das Rad aufgebracht werden. Nach Lösen der Montageklammern legen sich die Keilflächen durch den auf die Seitenwände der Felge wirkenden Reifendruck stramm an die Speichenköpfe an und bewirken so eine sichere Befestigung. 3 resp. 2 Sicherungskeile verhindern das Abwandern der Felge vom Radstern bei fehlendem Reifendruck (Abb. 79). Die Montage des Simplexrades geht in sehr kurzer Zeit vor sich.

Der Konstruktion des Simplexrades am ähnlichsten ist das Rad der Bergischen Stahlindustrie, das B.-S.-I- Stahlgußrad (Abb. 80), das man zuerst auf der Automobil-Ausstellung 1925 sah[1]). Die Bergische Stahlindustrie verwendet gegenüber

Abb. 81. B.-S.-1.-Stahlgußrad, neue Konstruktion, Dreispeichenrad.

dem Simplexrad eine Felge mit einteiligem Boden, d. h. eine Felge, bei der die Befestigung des Reifens durch Seiten- und geteilte Verschlußringe nach Art der genormten Konstruktion erfolgt (Abb. 71). Abgesehen von diesem Unterschied, ist beim Rad der Bergischen Stahlindustrie ebenfalls nur

1 Während des Druckes dieses Bandes ist eine neue Konstruktion des B.-S.-I.-Rades herausgekommen, die sich enger an die Form des Simplexrades anlehnt. Die Speichenköpfe sind hier nicht mehr geschlitzt. Es wird eine in der Mitte geteilte Felge angewendet, die durch Schraubenbolzen gegen die Speichenköpfe gedrückt wird. Das neue Rad wird auch als Dreispeichenrad geliefert.

der Speichenstern ausgebildet. Die Felge besitzt keilförmige Ansätze, und das Einlegen erfolgt durch eine Drehung der Felge. Zur Festspannung dienen hier im Speichenkopf gelagerte Schrauben, die die beiden Enden der geschlitzten

Abb. 82. Primusrad der Annener Gußstahlwerke.

Speichenköpfe zusammenziehen (Abb. 81). Sie dienen gleichzeitig zur Sicherung der Felge in der Drehrichtung.

Das Primusrad, Abb. 82, das in seinen ersten Ausführungen auf der AutomobilAusstellung 1925 gezeigt wurde, ist ebenfalls ein Rad (a), auf dem nur Bruchteile der Grundfelge ausgebildet sind, Abb. 83. Die Felgen (b) sind zweiteilig und werden von kegelförmigen Auflagerflächen im Speichenkopf getragen. Vor dieser Felge ist ein Druckring c angeordnet, der mittels Schrauben d festgezogen wird. Bei Doppelbereifung wird zwischen Vorder- und Hinterrad ein Zwischenring eingebracht, der die Felgenentfernung festlegt und gleichzeitig die keglige Auflagefläche des Vorderrades trägt.

Das Wernerrad, Abb. 84, besitzt ebenfalls einen Speichenstern an Stelle einer Grundfelge. Die Oberfelge besitzt die normale Form nach Abb. 71 und 72 mit abnehmbarem Seitenring und federndem geteilten Verschlußring. Die Hälfte der Speichen haben feste Köpfe, die gegenüberliegende Hälfte besitzt abnehmbare, mehrteilige Köpfe mit Spannschrauben. Zum Abnehmen der Felge mit Reifen genügt es, die 3 Muttern der Spannschrauben zu lockern. Die Felge kann dann nach einer ganz kleinen Drehung sofort abgenommen werden. Die Umfangskraft wird hier ebenfalls von den Speichenköpfen auf die Oberfelge durch Doppelkeilflächen übertragen.

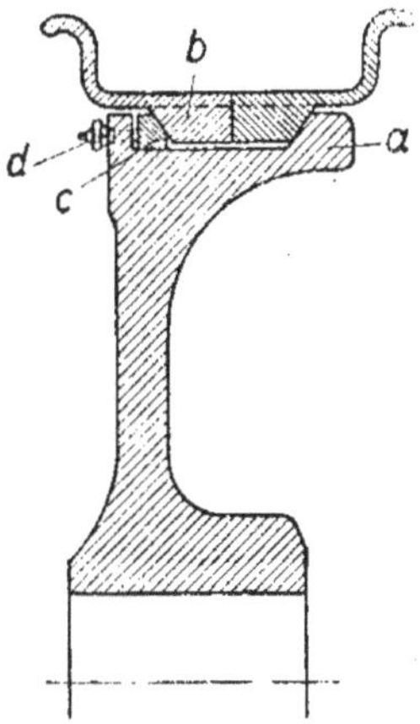

Abb. 83. Primusrad, Schnitt durch eine Speiche.

h u. i) Stahlscheibenräder und Stahlgußscheibenräder.

Die Verwendung dieser Räder ist sehr beträchtlich. Für die leichten Lastkraftwagen mit 5" und 6" Felgen sind diese Scheibenräder bereits als Vornorm festgelegt, Abb. 85, z.

Zt. befinden sich die Blätter in Umarbeitung. Das Stahlscheibenrad besteht aus einer kegelförmigen gepreßten Stahlscheibe und der zylindrischen Felge, die mit der Radscheibe vernietet oder geschweißt ist. Die Befestigung auf der Radnabe (Flanschnabe) erfolgt mittels Schrauben und Muttern in kegeligen Auflageflächen. Diese Radscheiben können auch zu Doppelscheibenrädern zusammengestellt

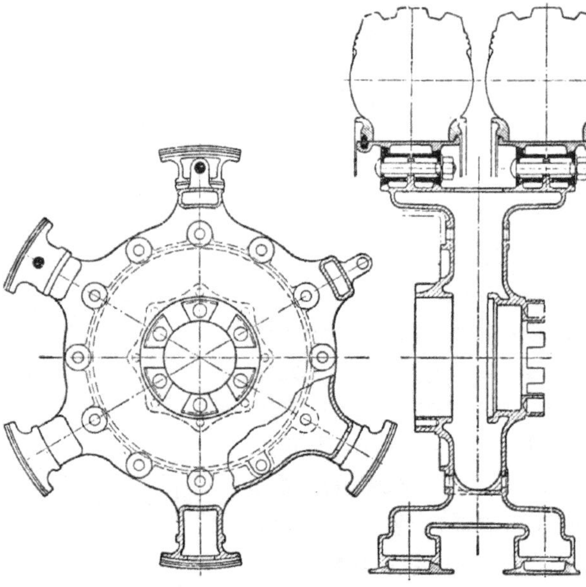

Abb. 84. Werner-Rad für Doppelbereifung.

werden. Um den ebenfalls auf einem Vornormblatt festgelegten Abstand zwischen den Radmitten zu gewährleisten, sind zwischen die Radscheiben, da deren Einpreßtiefe nicht ausreicht, noch Zwischenstücke einzulegen.

Diese Stahlscheibenräder nach den Kraftfahrbau-Normblättern werden auch aus dünnwandigem Stahlguß hergestellt. Die Räder werden auch mit glatten Felgen für Voll und Kissenreifen geliefert, vielfach mit ausgestanzten Löchern. Für ganz schwere Lasten, z. B. Anhängewagen, werden zwei glatte Scheiben mit einer Holzzwischenlage zu einem Scheibenrad zusammengefügt.

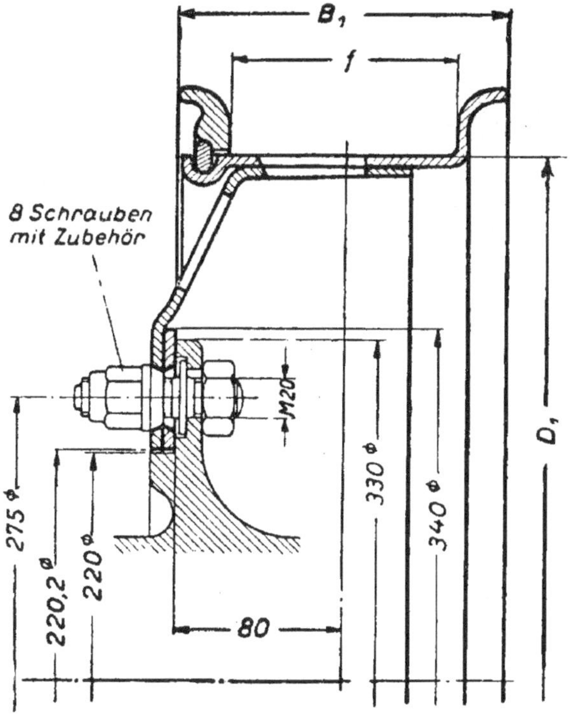

Abb. 85. Blechscheibenrad für Lastwagen mit Luftbereifung.

k) Stahlspeichenräder.

Diese Räder sind neuerdings in Aufnahme gekommen; sie gleichen in ihrer Ausführung den Stahlspeichenrädern für Personenwagen (siehe Seite 80 bis 82).

I) Leichtmetallräder.

Das Bestreben geht neuerdings immer mehr und mehr dahin, die unabgefederten Gewichte zu verringern. Infolgedessen ist man auch auf den Gedanken gekommen, die Wagenräder aus Leichtmetall herzustellen. Die Leichtmetall herstellenden Werke haben denn auch verschiedentlich derartige Räder herausgebracht.

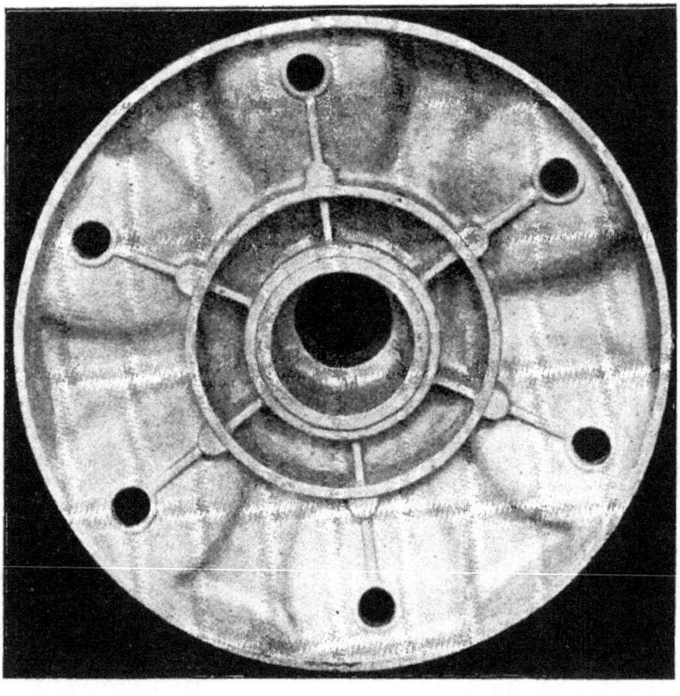

Abb. 86. Lastwagenrad aus Silumin.

Abb. 86 zeigt ein Siluminrad. Die Berliner Omnibusgesellschaft hat gute Erfahrungen mit ähnlichen Rädern aus Elektronmetall gemacht.

VII. Radstellung.

a) Allgemeines.

Die Stellung der Vorderräder am Kraftwagen hat nach bestimmten Regeln zu erfolgen und einen erheblichen Einfluß auf den Lauf des Wagens und die Abnutzung der Räder, weshalb hierauf kurz eingegangen sei.

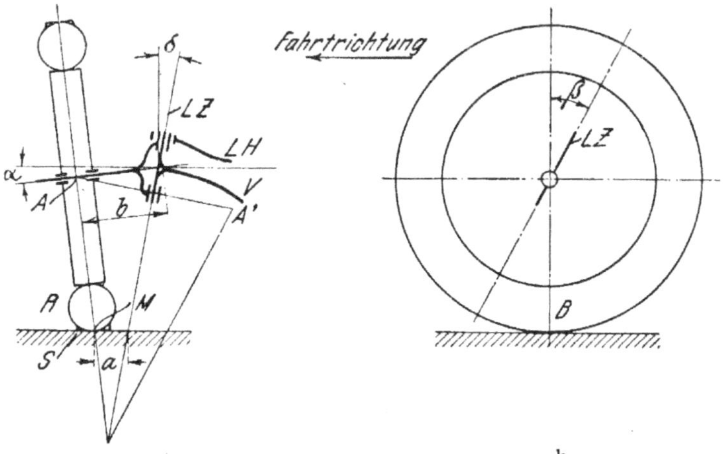

a b

Abb. 87 a und b. Vorderradstellung am Kraftwagen.
V Vorderachse. *LH* Lenkhebel. *LZ* Lenkzapfen. *R* Reifen.

Wir haben zu unterscheiden (vgl. Abb. 87 und 88):

1. Sturz des Rades und der Achse (Winkel α in Abb. 87a);
2. Einzug der Vorderräder (Winkel ε in Abb. 88);
3. Neigung des Lenkzapfens in der Radebene (Winkel ß in Abb. 87b);
4. Neigung des Lenkzapfens in einer Ebene senkrecht zur Radebene (Winkel δ in Abb. 87a).

1. Rad- und Achssturz

Der Radsturz bzw. Achssturz ist vom Pferdewagen her übernommen worden. Die Gründe, die hierfür angegeben werden, sind heute durchaus nicht mehr stichhaltig wie z.B. Verhindern des Ablaufens des Rades, gleichmäßige Lastverteilung, günstige Radbeanspruchung beim Kurvenfahren usw. Ursprünglich wandte man den Achssturz auch an der Hinterachse, die durch Ketten angetrieben war, an. Beim Übergang zum Antrieb durch Kreuzgelenk (Kardangelenk) ergaben sich sehr unpraktische Konstruktionen. Man verzichtete deshalb hier auf den Radsturz, was praktisch keine Nachteile brachte.

Der Niederdruckreifen zeigte erhebliche Nachteile bei zu großem Sturzwinkel α auf. Die Reifen wurden stark seitlich abgetragen. Wie man aus Abb. 87a erkennt, läuft die Reifenmitte M auf einem größeren Halbmesser als die Reifenschulter S. Die Mitte des Reifens rollt ab, während die Schulter gleitet, wodurch hier ein starker Abschliff des Laufgummis eintritt.

Die bisherigen großen Werte des Sturzwinkels von 2 bis 3° werden deshalb aufgegeben. Neuere Angaben empfehlen einen Winkel von nur ¾°, was sich schon sehr der Senkrechtstellung nähert.

2. Einzug der Vorderräder

Einzug (auch Vorspur genannt), Abb. 88. Einzug der Räder wird weniger vom Konstrukteur angewendet als von der Praxis, um die Wirkung des Radsturzes (siehe 1) wieder etwas aufzuheben. Das Rad nach Abb. 87a hat (für sich betrachtet) die Neigung, in einem Kreis zu laufen.

Diese Neigung wird aufgehoben, wenn man das Rad zur Fahrtrichtung etwas quer setzt. Für Hochdruckreifen wurden Werte von 10 bis 20 mm empfohlen, wobei dann keine erhebliche Erhöhung des Reifenabtragens zu beobachten sein sollte. Beim Niederdruckreifen beobachtete man jedoch ein sehr erhebliches Abtragen mit Schuppenbildung, sog. „Abradieren" oder „Abschleifen". Die Ursache ist, daß das Rad nicht richtig abrollen kann, und einen Teil des Weges in seitlicher Richtung zurücklegen muß. Zugleich beobachtete man einen erheblich größeren Kraftverbrauch. Aus diesem Grunde empfiehlt man bei Niederdruckreifen etwa 3 mm, nach neuesten Vorschlägen aus Amerika sogar nur 1,6 mm, das kommt bei einer Spurweite von etwa 1300 mm praktisch einer Parallelstellung gleich.

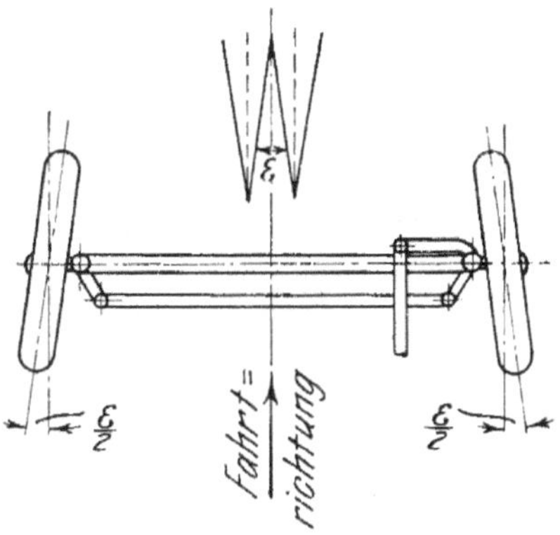

Abb. 88. Einzug der Vorderräder.

3. Neigung des Lenkzapfens in Radebene.

Diese Neigung ist aus fahrtechnischen Gründen notwendig. Wir finden sie auch bei Fahrrädern und Krafträdern. Die Wirkungsweise kann man sich am besten durch Vergleich mit den beweglichen Laufrollen an Lastkarren klar machen. Bei jeder Bewegung stellen diese sich so ein, daß der Drehzapfen vor dem Berührungspunkt B liegt. Genau dasselbe ist beim Kraftwagen der Fall. Die Bewegung ist nur stabil, wenn das Rad sozusagen „gezogen" wird. Steht der Lenkzapfen lotrecht oder zurückgeneigt, so besteht die Möglichkeit eines Flatterns des Rades. Es wird auf Grund von Versuchen für den Winkel ß eine Neigung von 1° bis 2° gefordert. Die Größe des Winkels kann durch Zwischenlegen eines Keils zwischen Feder und Federauflage der Achse verändert werden.

4. Neigung des Lenkzapfens in einer Ebene senkrecht zur Radebene.

Winkel δ in Abb. 87a. Die Wirkung dieses Winkels überdeckt sich mit der Wirkung des Achssturzes (Winkel α). Die Aufgabe ist das Lenken des Rades zu erleichtern, und zwar wird der Hebelarm: Radmitte bis Mitte Lenkzapfen b, der von der Radlagerung abhängig ist, auf den Betrag a, am Boden gemessen, verringert. Dadurch wächst die Kraft, die das Rad in die neue Lage bringt im Verhältnis b/a. Beim Hochdruckreifen erstrebte man den Betrag a = 0 zu halten, man schwenkte so das Rad auf der Stelle. Beim Niederdruckreifen, der eine größere Bodenauflage besitzt, äußerte sich das in einem erschwerten Steuern. Erst nachdem man den Betrag a = 35 — 50 mm wählt, sind diese Anstände nicht mehr zu beobachten.

Wie aus den Punkten 1 bis 4 hervorgeht, kann die Radstellung erheblichen Anlaß zu Störungen ergeben, es ist deshalb die Kontrolle der Radstellung mit Hilfe von Meßgeräten, sobald sich eine stellenweise oder einseitige Abnutzung des Reifens zeigt, angeraten (vgl. auch Abschnitt Regeln zur Erhaltung des Reifen Punkt 3. Rasches Abtragen der Lauffläche, S. 127).

VIII. Betrieb, Instandhaltung des Reifens und Verhütung von Reifenschäden.

a) Allgemeines.

Nach Mitteilung der Reifenfabriken geht heute noch immer ein großer Teil der Reifen durch unsachgemäße Behandlung und Vernachlässigung vorzeitig zugrunde, das in sie hineingesteckte Kapital wird – ohne Schuld des Herstellers – nicht voll ausgenutzt. Auch die Reifenfabriken haben ein großes Interesse daran, daß jeder Reifen ein Durchschnittsmaß an Wegstrecke leistet, da nur dann darauf gerechnet werden kann, daß der Kunde zufriedengestellt ist. Die Reifenfabrik ist auch nur imstande, solche vorzeitig zugrunde gegangene Reifen zurückzunehmen und zu ersetzen, deren Schäden auf Fehler im Material oder der Werkmannsarbeit zurückzuführen sind.

Um so die Kraftfahrer zur besseren Pflege des Reifens zu veranlassen, geben die maßgebenden Reifenfabriken des In- und Auslandes in besonderen Heften Regeln und Anweisungen an den Kraftfahrer, häufig mit Abbildungen beschädigter und mißbrauchter Reifen und den Mitteln, dieses zu vermeiden. Es ist hier nicht der Ort, ausführlich auf dieses meist sehr sorgsam zusammengetragene Material einzugehen. Es sei jedem Kraftfahrer nur zum Studium empfohlen. Nur die wesentlichsten Punkte seien hier angeführt.

b) Einhaltung des richtigen Reifendrucks.

Der Reifendruck ist stets nach den Vorschriften der liefernden Reifenfabrik einzuhalten. Er ist beim Niederdruckreifen abhängig vom Wagengewicht gemacht. Es ist also das Wagengewicht bei normaler Belastung, getrennt für Vorder- und Hinterräder, zu ermitteln. Der Luftdruck ist mittels eines Druckmessers (Manometer), wie sie von Reifenfabriken geliefert werden, am Schlauchventil zu prüfen. Besonders beim Niederdruckreifen ist auf genaues Einhalten des vorgeschriebenen Luftdruckes zu achten; zu hoher Luftdruck, den Kraftfahrer aus Vorsicht anwenden, um nicht in obigen Fehler zu verfallen, ist ebenfalls schädlich, er macht den Reifen zu steif, der hierdurch ebenso wie der Wagen stärkeren Stößen ausgesetzt ist.

c) Überbelastung und Unterbelastung.

Eine Überbelastung ist stets zu vermeiden, da die Lebensdauer des Reifens dadurch stark leidet. Der Gewebeunterbau wird zu sehr gebogen, so daß der Reifen nach bestimmter Zeit zugrunde geht. Abb. 89 ist eine graphische Darstellung auf Grund von Erfahrungswerten einer amerikanischen Reifenfabrik. Sie zeigt, daß ein Reifen bei 40% Überlast bereits nur 50% der Lebensdauer hat. Vorübergehender Überlastung sollte man durch eine geringe Erhöhung des Luftdruckes Rechnung tragen.

Eine Unterbelastung ist dagegen für den Reifen niemals schädlich. Im Gegenteil wird, wie die rechte Seite auf Abb. 89 zeigt, seine Lebensdauer dadurch erheblich erhöht. Verschiedene Firmen verwenden deshalb grundsätzlich stets größere Reifen als der Belastung entsprechen würde. Dieser Maßnahme sind jedoch Grenzen durch die Wagenkonstruktion gezogen.

d) Rasches Abtragen der Lauffläche.

Die Gründe hierfür können einmal an der Radstellung (vgl. Seiten 123 u. 124) liegen, d. h. das Rad hat zu viel Sturz, oder zu viel Einzug. Es kommt auch vor, daß ein Rad z. B.

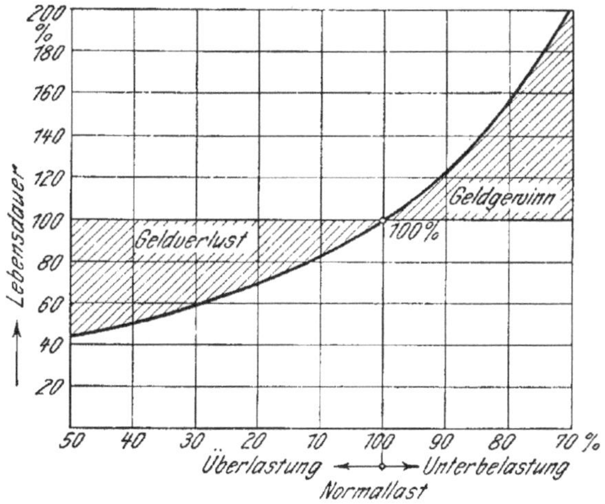

Abb. 89. Einfluß von Überlast und Unterlast auf die Lebensdauer von Reifen (nach einer amerikanischen Quelle).

infolge eines Stoßes eine schiefe Lage erhalten hat, d. h. nicht spurt, oder auch, daß eine Achse nicht senkrecht, sondern quer zur Fahrtrichtung steht. In allen diesen Fällen kann man ein starkes Abtragen der Reifenlauffläche beobachten.

Eine Reihe weiterer Fehler, die einen raschen Verschleiß des Reifens hervorrufen, sind:

1. Unrundlaufen und Schlagen der Räder;
2. Spiel in der Achsaufhängung (ausgeschlagene Federbolzen und Federaugen);
3. unzulässiges Spiel im Lenkgestänge;

4. Spiel in der Radlagerung (ausgeschlagene Kugellager);
5. Ungleichmäßige Bremswirkung (durch verölten oder abgenutzten Bremsbelag); zu scharfes Bremsen,
6. fehlerhaft eingebaute oder falsch abgestimmte Stoßdämpfer;
7. zu wenig elastische (d. h. harte) Wagenfederung.

Die Fehler 1 bis 7 rufen das anfangs bei Niederdruckreifen häufige Flattern oder Tanzen der Vorderräder hervor. Wagen, bei denen dieses auftrat, wurden durch eine gewisse Vorspannung im Lenkgestänge, verbesserte Radlagerung, Ausbalanzierung der Räder, von diesem Übel geheilt.

e) Äußere Verletzungen des Reifens.

Eine Reihe bekannter äußerer Verletzungen können durch Sorgfalt des Fahrers vermieden werden.

1. Beschädigungen durch Gleitschutzketten (vgl. Seite 28).

2. Laufflächenschnitte, durch scharfe Steine, Glasstücke, scharfe Ecken von Weichenschienen können durch sorgsames Fahren stark eingeschränkt werden. Sie müssen gleich nach dem Entstehen ausgebessert werden, da die Bewegung des Reifens solche Schnitte vergrößert. Straßenschmutz und Staub, die sich dazwischen setzen, bewirken mit der Zeit Trennung der Gummilauffläche vom Gewebe und der einzelnen Gewebeeinlagen voneinander. Es ist deshalb jede Woche mindestens einmal der Reifen nachzusehen. Schnitte sind mit Gummilösung zu verkleben. Nagellöcher verstopft man zweckmäßig durch Kautschukpilze (Abb. 90).

3. Abtragen der Seitenwände (vgl. auch Seite 10). Schleift der Reifen beim Fahren um eine Ecke an der Bordschwelle, oder auch beim Anhalten oder Fahren auf gefrorenen Straßen mit ausgefahrenen Geleisen, so wird der dünne Gummibelag der Seitenwand abgeschürft und der Gewebeunterbau entblößt.

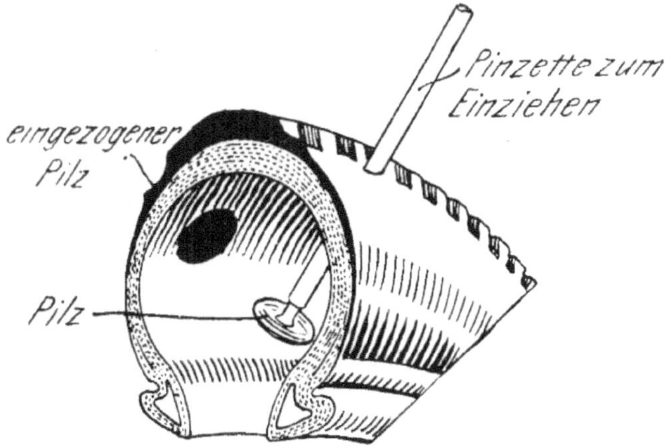

Abb. 90. Kautschukpilz zum Verschließen von Nagellöchern.

4. Chemische Einflüsse. Der Reifen, besonders der Reservereifen, ist nicht lange der Sonne auszusetzen (gilt besonders für südliche Länder und Alpengegenden), der Gummi verliert sonst seine Elastizität und wird spröde. Ebenso sind Reifen nicht allzu lange zu lagern, obwohl die heutigen Gummimischungen eine erhebliche Lagerzeit vertragen. Andererseits bedürfen neue und frisch reparierte Reifen einer kurzen Ablagerungszeit bis zu einigen Tagen. Da Öl Gummi angreift, ist auf Reinlichkeit auf Abstellplätzen und Garagen zu halten.

f) Verletzungen durch unrichtige Felgen. Beim Wulstreifen beobachtet man häufig Verletzungen am Wulst (Reifenfuß) infolge scharfer Felgenkanten und unrichtiger Form. Auch beim Geradseitreifen kann eine Felge durch falsche Hornhöhe die Lebensdauer des Reifens beeinträchtigen. Nach amerikanischem Vorbild ist deshalb seit Oktober 1926 in Deutschland eine Stempelung der Felgen eingeführt worden. Jede nach den bestehenden Normen angefertigte Felge ist mit dem DIN-Zeichen, dem Zeichen der **D**eutschen **I**ndustrie **N**ormen zu versehen. Dieses Zeichen findet sich neben dem Ventilloch und der Firmenbezeichnung. Es ist beabsichtigt, die Kontrolle der Felgen künftig durch unparteiische Kontrollbeamte in den Felgen- oder Kraftfahrfabriken vornehmen zu lassen.

g) Schlauchschäden. Die Zerstörung des Schlauches wird oft bereits beim Einlegen eingeleitet, indem er durch das Montagewerkzeug verletzt wird oder unter das Reifenfaß zu liegen kommt. Es erfordert jedoch nur wenig Sorgfalt, um das zu verhindern. Am besten pumpt man den Schlauch vor dem Einlegen etwas auf und bepudert ihn gut mit Talkum.

Bei Geradseitreifen achte man auf die richtige Lage des Wulstbandes (Flap). Die Befestigungsmutter am Ventilschaft soll stets fest angeschraubt sein. Ebenso auch die Ventilkappe. Die Ersatzschläuche werden am besten in einem Beutel oder Karton sauber zusammen gelegt an Stellen aufbewahrt, wo sie mit Fett oder Öl nicht in Berührung kommen können.

IX. Felgen- u. Reifenbezeichnung[1] Richtlinien	DIN Vornorm KrV501

A. Personenkraftwagen

Wulstreifen und Wulstfelgen

Reifenbezeichnung

Nenndurchmesser x Nennbreite in mm

Nenndurchmesser ist der ungefähre Außendurchmesser, Nennbreite die ungefähre Reifenbreite des auf Betriebsdruck aufgepumpten und unbelasteten Reifens.

Beispiel: 775 x 145

Felgenbezeichnung

stimmt überein mit der Bezeichnung des Reifens.

Beispiel: 775 x 145

Stahlseil- (SS-) Niederdruckreifen und Flachbett und Tiefbettfelgen (Stahlseil = Straight-Side = SS.-)

Reifenbezeichnung

Nennbreite/Felgendurchmesser in Zoll

Nennbreite ist die ungefähre Reifenbreite des auf Betriebsdruck aufgepumpten und unbelasteten Reifens.

Die Nennbreite wird bis auf zwei Stellen hinter dem Komma angegeben. Für die Übergangszeit wird die frühere Bezeichnung „Nenndurchmesser x Nennbreite" hinzugefügt, worin Nenndurch-messer der ungefähre Außendurchmesser und Nennbreite die ungefähre Breite des Reifens ist.

Beispiel 6,00/20 (32 x 6,00)
(30 x 5,77)

Felgenbezeichnung

Flachbettfelgen

Nenndurchmesser x Felgengröße / Felgendurchmesser in Zoll Nenndurchmesser = Felgendurchmesser + doppelte Felgengröße

Beispiel: Eine Felge mit einem Durchmesser von 20" und Felgengröße 5" trägt die Bezeichnung 30 x 5/20

Tiefbettfelgen

Felgengröße x Felgendurchmesser in Zoll

Beispiel: Eine Felge mit einer Felgengröße 4 ½" und einem Durchmesser 20' trägt die Bezeichnung 4½ x 20.

B. Lastkraftwagen

Luftreifen

Reifenbezeichnung

Hochdruckreifen

Nenndurchmesser x Nennbreite in mm oder in Zoll

Nenndurchmesser ist der ungefähre Außendurchmesser, Nennbreite die ungefähre Reifenbreite des auf Betriebsdruck aufgepumpten und unbelasteten Reifens.

Beispiel: 1025 x 200 oder 38 x 7

---

1 Wiedergabe erfolgt mit Genehmigung des Deutschen Normenausschusses. — Maßgebend sind die jeweils neuesten Ausgaben der Normblätter, die durch den Beuth-Verlag GmbH., Berlin S 14, Dresdener Str. 97 zu beziehen sind.

Niederdruckreifen

Nennbreite / Felgendurchmesser in Zoll
Nennbreite ist die ungefähre Reifenbreite des auf Betriebsdruck aufgepumpten und unbelasteten Reifens.
Die Nennbreite w. bis auf zwei Stellen hinter dem Komma angegeben
Für die Übergangszeit wird die frühere Bezeichnung „Nenndurch-messer x Nennbreite“ hinzugefügt, worin Nenndurchmesser der un-gefähre Außendurchmesser und Nennbreite die ungefähre Breite des Reifens ist.

Beispiel: 9,00/20 (38 x 9,00)

Felgenbezeichnung

Nenndurchmesser x Felgengröße in Zoll oder in mm Nenndurchmesser = Felgendurchmesser + doppelte Felgengröße Beispiel: Eine Felge mit einem Durchmesser 24" und Felgengröße 7' trägt die Bezeichnung 38 x 7 oder 1025 x 200.

Vollreifen und Vollreifenfelgen

Reifenaußendurchmesser x Reifenbreite (Felgendurchm.) in mm
Maße für Reifenaußendurchmesser und Reifenbreite nur angenähert
Beispiel: Ein Reifen mit einem Außendurchmesser von 830 mm und einer Breite von 120 mm für einen Felgendurchmesser von 670 mm trägt die Bezeichnung 830 x 120 (670).

Hochelastische Reifen und Vollreifen für Lastkarren

Reifenbreite / Felgendurchmesser in mm
Maße für Reifenbreite nur angenähert
Beispiel: Ein Reifen mit einer Breite von 130 mm für einen Felgen-durchmesser von 670 mm trägt die Bezeichnung 130/670.

C. Krafträder

Hochdruckreifen

Nenndurchmesser x Nennbreite in Zoll
Nenndurchmesser ist der ungefähre Außendurchmesser, Nennbreite die ungefähre Reifenbreite des auf. Betriebsdruck aufgepumpten und unbelasteten Reifens.
Bruchteile eines Zolles werden als echter Bruch angegeben

Beispiel: 26 x 2½.

Niederdruckreifen

Nenndurchmesser x Nennbreite in Zoll
Nenndurchmesser ist der ungefähre Außendurchmesser, Nennbreite die ungefähre Reifenbreite des auf Betriebsdruck aufgepumpten und unbelasteten Reifens.
Die Bezeichnung enthält stets 2 Stellen hinter dem Komma.

Beispiel: 25 x 3,00.

Wulstfelgen

Die Bezeichnung der Wulstfelgen erfolgt nach üblichen Benennungen. Beispiel: 50/60 und CG 1.

Tiefbettfelgen

Felgengröße x Felgendurchmesser in Zoll
Beispiel: Eine Felge mit einer Felgengröße 2½" und einem Durch-messer 19" trägt die Bezeichnung 2½ x 19.

X. Verzeichnis der Normblätter für Reifen, Felgen, Räder u. Zubehör.

V	KrW **101**	Hochdruckreifen				zurückgezogen
V	„ **102**	Luftreifen für Lastkraftwagen				wird neu bearb.
	„ **103**					
V	„ Bl 1	Vollreifen für Lastkraftwagen	**6**			zurückgezogen
	Bl 2	— Reifenbelastungen	**6**			
V	„ **104**	Felgen für Hochdruckreifen				
	„ *105*	*Grundfelgen für Voll- und hochelastische Reifen*	2			
	„ **106**	Felgen für luftbereifte Lastkraftwagen . . .	6		4. 28	Fr. auf KrW 102
	„ 107 „ 108	ersetzt durch KrW 131 bis 134				
	„ *111*	*Doppelbereifung für luftbereifte Lastkraftwagen, Richtlinien*				wird neu bearb.
	„ *112*	*Wulst-Niederdruckreifen f. Personenkraftwagen*	**6**		**4. 27**	
	„ *113*	*Wulstfelgen für Niederdruckreifen* „	**6**		**4. 27**	
	„ *115*	*Tiefbettfelgen für Niederdruckreifen* „	6		7. 28	

[1]) Die Kennzeichnung des Normblattzustandes durch Ziffern entspricht der internationalen Vereinbarung der Normenausschüsse, und zwar bedeutet

1 Normung beschlossen	4 Vorstandsvorlage
2 Entwurf in Arbeit	5 Norm beschlossen, demnächst bezugsfertig
3 Entwurf zur Kritik veröffentlicht	**6 bezugsfertig**

V ist das **Kennzeichen** für **Verbandsnorm** des **Kraftfahrbaus.**

Die endgültigen Normblätter (Zustand 6) können von der offiziellen Vertriebsstelle des Deutschen Normenausschusses, dem Beuth-Verlag G. m. b. H., Berlin S. 14, Dresdner Str. 97, zum Preise von 0,40 M. je Blatt bezogen werden.

Verzeichnis der Normblätter für Reifen, Felgen, Räder und Zubehör (Fortsetzung).

V KrW **116**	Geradseit-Niederdruckreifen			zurückgezogen
„ **117**	Geradseitfelgen für Niederdruckreifen	6	7. 28	
„ *118*	*Hochelastische Reifen für Lastkraftwagen*	6	7. 28	
„ *119*	*Vollreifen für Lastkarren*	**6**	**7. 27**	
„ *120*	*Hochelastische Reifen für Lastkraftwagen-Anhänger*	6	7. 28	
„ *121*	*Hochdruckreifen für Krafträder*	**6**	**4. 27**	
„ *122*	*Wulst-Niederdruckreifen für Krafträder*	**6**	4. 27	
„ *123*	*Wulstfelgen für Krafträder*	**6**	7. 28	
„ *124*	*Stahlseil-Niederdruckreifen für Krafträder*	**6**	4. 27	
„ *125*	*Tiefbettfelgen für Krafträder*	**6**	7. 28	
„ **126**	Schlauchventile, gerade Form	6	7. 28	
„ **127**	Schlauchventil, winklige Form	6	7. 28	
„ **129**	Endlose Felgenbänder	2		
„ **130**	Wulstbänder	2		
„ **131**	Feste Felgen mit 1 Seitenring	**6**	**10. 26** (131–134)	Früher KrW 107 und KrW 108 (131–134)
„ **132**	— „ 2 Seitenringen	**6**		
„ **133**	Seitenringe zu Felgen nach KrW 131 u. 132	**6**		
„ **134**	Verschlußringe zu Felgen nach KrW 131 u. 132	**6**		
„ **201**	Richtlinien für Vorderachslagereinbau	2		
„ **206**	Radnaben	2		
„ *211*	*Speichenräder mit kegeliger Bohrung, Zusammenstellung*	6	10. 28 (211–212)	
„ *212*	*— mit kegeliger Bohrung*	6		
„ *213*	ersetzt durch *KrW 217*			

	KrW	*214*	*Scheiben für Speichenräder nach KrW 211 u. 216*	6		
	„	*215*	*Stehbolzen für Speichenräder nach KrW 211*	6		
	„	*216*	*Speichenräder mit zylindrischer Bohrung, Zusammenstellung*	6		
	„	*217*	*Speichenräder mit zylindrischer Bohrung*	6		
	„	*218*	*Befestigungsschrauben für Speichenräder nach KrW 216*	6	10. 28.	Früh. KrW 213
	„	*220*	*Scheibenräder für Personenkraftwagen, Zusammenstellung*	6		
	„	*221*	*Scheibenräder für Personenkraftwagen*	6		
	„	*222*	*Bundschrauben für KrW 220*	6		
	„	*223*	*Senkbundhutmuttern für KrW 220*	6		
	„	*231*	*Abnehmbare Räder*	5	Heft 24/1927	FAKAA-Mitt.
	„	*232*	*Naben für abnehmbare Räder*	5		
	„	*241*	*Scheibenräder für luftbereifte Lastkraftwagen*	5		
	„	*242*	*Doppelscheibenräder f. luftbereifte Lastkraftwagen*	5		
	„	*243*	*Bundschrauben für KrW 241*	5		
	„	*244*	*Senkbundmuttern für KrW 241 und 242*	5		
	„	*245*	*Senkbundschrauben für KrW 242*	5		Früh. KrW 243
V	KrL	**201**	Felgenprofillehren für Wulstfelgen	**6**	**10. 27**	
V	„	204	Felgenbandmaße für Wulstfelgen	6	**10. 27**	
	„	*205*	*Felgenbandmaße für Geradseitfelgen*	**6**	**7. 28**	
	„	206	Felgenbandmaße f. Wulstfelgen s. Krafträder	6		
	„	**207**		2		
	„	**208**		2		
	„	**209**	Profillehren für feste Felgen nach KrW 131 bis 134	2		
	„	**210**		2		
	„	**211**		2		

Verzeichnis der Normblätter für Reifen, Felgen, Räder und Zubehör (Fortsetzung).

	KrL *212*	*Felgenprofillehren für Lastkraftwagenfelgen nach KrW 106*	**6**	**1. 27**	
	„ *213*	*Felgenprofillehren für Personenkraftwagen-Geradseitfelgen nach KrW 117*	**6**	**4. 27**	
	„ *214*	*Felgenprofillehren für Tiefbettfelgen n. KrW 125*	3	Heft 14/1928	FAKRA-Mitt.
	„ *215*	„ „ „ „ „ *115*	6	7. 28	
	„ 216	„ „ Wulstfelgen f. Krafträder	3	Heft 15/1928	FAKRA-Mitt.
	KrV *501*	*Felgen- und Reifenbezeichnung, Richtlinien* . .	7		7. 28
V	„ **502**	Stempelung der Felgen			

XI. Literaturverzeichnis.

Bücher:

BuchSchmidt: Räder, Felgen und Bereifung. 1. u. 2. Aufl. Autotechn. Bibliothek. Bd. 41. Berlin 1911 u. 1920.

Pearson: Rubber Tires and all about thems. New York 1906 u. 1924.

v. Loewe: Das Fahrgestell vom Gaskraftwagen. Teil II. Lenkung, Räder, Bereifung, Achsen und Abfederungen. Berlin 1918.

Aufsätze:

Neuere Felgen und Radkonstruktionen. AutomobilweltFlugwelt. 1926, Nr. 20 u. 21.

Lastwagenräder und Felgen. Automobilwelt — Flugwelt. 1926. Nr. 34.

Tiefbettfelgen. Mitteilungen des Reichsverbandes der Automobilindustrie. 1926.

Dipl.Ing. Hohl: Die Luftbereifung der schweizerischen Postautomobile; Der Motorlastwagen; 4 Jahre Betriebserfahrungen. Nr. 12—14. Bern 1925 (auch als Sonderdruck vorliegend).

Weltpatente über Felgen. Autotechnik. 1925.

Weltpatente über Räder. Autotechnik. 1925.

Wissenschaftliche Untersuchungen.

Bücher:

A. Riedler: Wissenschaftl. Automobilwertung. Berlin u. München 1912.

Dr. E. Bobeth: Leistungsverluste und Abfederung von Kraftfahrzeugen. Berlin 1913.

Dr. O. Enoch: Untersuchungen über die Beanspruchung und Abnutzung von Kraftwagenreifen. Diss. T. H. Berlin 1921.

Dr. R. Urtel: Federnde Räder für Lastkraftwagen. Diss. T. H. Berlin 1917

Prof. Becker: Schnellastwagen mit Riesenluftreifen. Berlin und München 1923.

Prof. Becker: Automobilreifen. Berlin 1927.

United States Government Master Specification for Tires, Pneumatic and Solid Rubber and inner Tubes. Federal Specification Board Spec. Nr. 3 C. 25. Juli 1927.

Technologie Paper of the Bureau of Standards, Washington. Nr. 213 Power Losses in Automobile Tires; Nr. 283 Tire Resistance on fuel consumption.

Zeitschriftenaufsätze :

Dipl.Ing. Kauffmann: Untersuchung über das Flattern der Lenkräder an Kraftfahrzeugen, Motorwagen 1927. Diss. T. H. Berlin, S. 161/173 u. 192/201.

Dr.Ing. R. Ulrich: Dynamische und statische Untersuchungen von Kraftwagenreifen. Diss. T. H. Hannover. Kautschuk. August—Dezember 1927.

Dipl.Ing. Essers: Messung der Fahfwiderstände von Kraftwagen mittels des Auslaufverfahrens. Automobil Rundschau 1927 Heft 19 u. 20.

Monthly Bulletin of the State College of Washington. 1925. Nr. 8 u. 12. Auszugsweise in Motorwagen 1927, S. 374/376. Der Einfluß der Straßenoberfläche auf die Abnutzung von Kraftwagenreifen.

XII. Stichwortverzeichnis.

FSC
www.fsc.org
MIX
Papier | Fördert
gute Waldnutzung
FSC® C083411

Kolibri 360 GmbH
Ferdinand-Jühlke-Straße 7
99095 Erfurt, Deutschland
produktsicherheit@kolibri360.de